AF610183

Ménon

40 flles in-4° carré

3300/13000 ex.

PROMENADES A TRAVERS PARIS

E. DE MÉNORVAL

PROMENADES A TRAVERS PARIS

Ouvrage orné de 150 illustrations

PARIS
SOCIÉTÉ FRANÇAISE D'ÉDITIONS D'ART
L.-HENRY MAY
9 ET 11, RUE SAINT-BENOIT

PROMENADES A TRAVERS PARIS

I

MŒURS, INSTITUTIONS ET COUTUMES D'ANTAN[1]

Je me propose, Lectrices et Lecteurs, de causer avec vous des contrastes de la vie de Paris, actuellement et au temps jadis. Toutes et tous, vous êtes devenus d'une exigence que rien ne peut plus satisfaire, et vous prendriez certainement de meilleure humeur les toutes petites, et même les très grandes contrariétés de chaque jour, si vous connaissiez mieux les misérables conditions dans lesquelles se traînait péniblement l'existence de nos aïeux. Je parle, si vous le voulez bien, de ceux qu'on appelle les puissants de la terre, et qui, *du confortable*, ce superflu que vous jugez si nécessaire, ne connaissaient pas du tout le mot et bien peu la chose.

A travers les siècles, l'homme reste toujours le même. Des passions semblables, et plus mesquines que l'Histoire ne les habille, agitent la villa d'un roi mérovingien, comme l'Œil-de-Bœuf de Versailles, ou même le palais élyséen d'un président de la République ; — bêtes et gens diffèrent peu, que ce soit aux Arènes de Lutèce ou aux Arènes de la rue Pergolèse ; — le pilori des Halles, le gibet de la place Maubert, les piliers de Montfaucon, comme l'échafaud de la place de la Roquette, voient châtier des coupables

1. Ces articles, soigneusement revus, augmentés, annotés et illustrés pour cette édition, ont paru, les douze premiers dans le *Figaro*, du 11 juillet au 26 septembre 1891, et les suivants dans l'*Éclair*, depuis 1891.

de mêmes crimes. Ce qui change, c'est le cadre, c'est la langue, le costume, l'armement, les moyens de se nourrir, les moyens de transport, le trafic, les métiers, l'administration de la cité, l'art de bâtir, les croyances, l'hygiène, les amusements publics, les convenances, la morale elle-même, et jusqu'au point d'honneur!

Comme je suis loin d'être un esprit chagrin, je crois que, sans méconnaître la grandeur du passé, je pourrai vous montrer qu'en somme c'est encore le présent qui souvent vaut le mieux, et qu'un labeur incessant, d'année en année, a opéré la magique transformation de tout ce qui nous entoure.

En voulez-vous tout de suite quelques preuves frappantes? Deux ou trois faits que j'esquisse seulement, et sur lesquels je pourrai une autre fois vous donner plus de détails.

Allez-vous au marché, Madame, si rarement que ce soit? — Je réponds oui, pour vous. Eh bien! y avez-vous jamais rencontré l'archevêque de Paris, le nonce du pape, ou même le curé de la Madeleine, « pour une fois », vous faisant concurrence et marchandant, à côté de vous, quelque beau poisson ou des primeurs ?... Je vous fais rire ? La simplicité de nos pères ne s'effarouchait pourtant pas de tels usages, et un contemporain de Charles VII, le prieur de Saint-Martin-des-Champs[1], Jacques Séguin, un grand personnage, s'il vous plaît, et un très bon vivant, à qui ses pages, son grand célérier et ses maîtres-queux donnaient du « Monseigneur », ne dédaignait pas d'aller souvent le matin chercher lui-même les mets qu'il devait manger, et c'est ainsi qu'il acheta, au bas du Grand-Châtelet[2], le 13 mai 1439, une magnifique carpe, qu'il paya six sols parisis. Quand il ne dînait pas chez lui — à midi précis, — avec quelques bons compères, comme maître Jacques Charmolu, ou maître Germain Rapine, ou Guillaume de Bosco, ou Jean Douxsire, il s'en allait chez quelqu'un de ses bons voisins, comme le curé de Saint-Nicolas-des-Champs[3], Jean Beaurigout, ou chez Philippot,

1. Grande abbaye de Paris, dont on a conservé la chapelle et le réfectoire, deux merveilles, enclavées dans le *Conservatoire des Arts et Métiers*.

2. C'est là qu'était primitivement la *Poissonnerie*, et l'on voyait dans cet endroit, il y a encore trente ans, une ruelle dite *la rue Pierre-à-Poisson*.

3. Cette église existe toujours rue Saint-Martin, à côté du *Conservatoire*. On y voit une des meilleures

le barbier, ou chez le petit Michelet, quitte à faire porter avec lui, tout familièrement, son pain et une quarte de vin.

Je vous conterai un jour ce que l'on mangeait de délicat dans ces petits pique-niques, dans ces agapes familières des plus petits bourgeois et de leurs seigneurs, où ne manquaient ni le bon vin, ni les gais propos. Ce qui y manquait, hélas ! c'était l'eau ; cette eau claire comme cristal, que nous aimons à voir sur nos tables. On ne buvait que de l'eau de Seine, déjà corrompue ; l'eau des sources de Belleville, dans quelques hôtels privilégiés, et, partout ailleurs, l'eau saumâtre des puits ! On manquait tellement d'eau, qu'on en était venu à négliger les soins de la plus vulgaire propreté. Dois-je le dire ?... la plus séduisante des femmes, la charmante Marguerite de Valois, cette reine Margot, toute pétrie de grâce et de beauté, murmurait un jour à l'oreille d'un des plus énamourés d'elle : « Voyez mes mains, comme elles sont encore blanches !... » Et pourtant, il y a plus de huit jours que je ne les ai lavées ! »

toiles de Bonnat : *Saint Vincent de Paul rachetant des galériens.* — L'helléniste *Budé* ; les érudits *Henri* et *Adrien de Valois* ; le philosophe *Gassendi* ; le grand et malheureux poète *Théophile de Viau* ; Mlle de *Scudéry*, y furent inhumés.

II

VILLÉGIATURE

L'EXTENSION prodigieuse de Paris, en train de miner des fortifications qu'on croyait devoir durer davantage, rend pénible aux gens qui aiment leurs aises un séjour trop prolongé dans la capitale. La banlieue est sans verdure, et le docteur conseille à ses clients — aux anémiques quelquefois, et aux bien portants toujours — d'aller se fortifier aux salines odeurs de l'océan.

Donc, Paris, c'est chose convenue, n'est plus habitable dès que les grandes chaleurs commencent. La santé des enfants en souffrirait. Madame l'a déclaré net à Monsieur, et c'est tout au plus si, pour partir, on pourra se résigner à attendre la journée du Grand Prix. D'ailleurs, cette année, pas de folies ! Rien qu'un voyage qui sera un prodige d'économie. Gontran restera rue de Madrid, et Jane aux Oiseaux, jusqu'aux vacances. Il n'y aura donc à emmener que les deux petits derniers, leurs deux bonnes, leur maîtresse d'anglais, leur maîtresse d'allemand, leur maîtresse de musique, la femme de chambre et la cuisinière. Ce sera pour rien, vous dis-je ! On cherchera, sur les plages normandes, un trou, un vrai trou, encore bien ignoré ; où il n'y ait que des chaumières, des huttes même si l'on en trouve. Il n'y aura besoin d'aucune toilette, c'est-à-dire qu'on ne va commander que quelques modestes vêtements de percale ; tout ce qu'il y a de simple. Vous comprenez, n'est-ce pas, à la campagne !... On aura toujours la ressource, si l'on veut se distraire un peu — oh ! raisonnablement ! — de gagner le Casino voisin, très rarement. — Il ne faudra, pour s'y présenter à peu près convenablement, qu'emporter quelques caisses et quatre ou cinq costumes de ville. La sainte économie *for ever* !

Voilà le petit plan qu'ébauche, à cette fin de siècle, une charmante mère de famille, qui gémit sans cesse sur la modicité de sa fortune.

Comme dans un cas semblable un honnête bourgeois d'autrefois savait, à bien moins de frais, satisfaire aux besoins des siens !

VUE DE L'ÉGLISE DE SAINT-ANDRÉ-DES-ARTS
rebâtie par M. Gamard, vers 1650, et où est la sépulture de MM. de Thou. (Fac-similé d'une gravure de J. Marot.) — Démolie en 1809.

Maître Nicolas Versoris, avocat au Parlement, appartenait à une famille estimée au barreau. Il avait épousé Marie Regnard, dont il avait un fils, et il était le tuteur des orphelins d'un maître des comptes. Il demeurait du côté de Saint-André-des-Arts [1], dans le voisinage de ces grands magistrats dont les noms sonnent encore si haut, les Montholon, les de Thou, les Séguier. Or, en 1522, la peste sévit sur tout ce quartier, infecté par le cimetière, situé dans la petite rue très curieuse qu'on appelle aujourd'hui, sans motif plausible, la rue *Suger*. Mme Versoris, qui avait charge d'âmes, qui se sentait souffrante, qui craignait avec raison pour son fils en bas âge et pour ses pupilles, résolut de les conduire en *villégiature* à la maison de campagne dont son mari était bel et bien le propriétaire.

1. Église qui occupait l'emplacement de la place *Saint-André-des-Arts*. On y voyait les tombeaux des familles de *Thou*, *Séguier*, *Montholon* ; d'une princesse de *Conti* et de son fils, etc.

Où cela ?

Oh ! tout près de sa maison de ville.

« A la Granche Bastellière. »

Oui, Madame, vous avez bien lu, à la Grange-Batelière, c'est-à-dire rue Drouot, sur l'emplacement de l'hôtel des Ventes et de l'hôtel du *Figaro*. Le *Carrefour des Écrasés* était la campagne, et si bien la campagne, qu'on y venait chercher, vous le voyez, la santé, le bon air ; respirer le frais, se promener sous les verts feuillages qui ombrageaient le gentil ruisseau des *Porcherons*, où ne parvenaient pas encore les bruits de la Grand'Ville.

Pont Saint-Michel.

Hotel d'O ou de Luynes, quai des Augustins, démoli en 1671, d'après une gravure d'Israël Silvestre.

C'était une Normandie à nos portes.

Et combien étaient simples les moyens de transport ! il n'était pas question alors de *sleeping-cars*.

La pauvre femme de Nicolas Versoris, vu son triste état, fut couchée dans une litière portée par deux gagne-deniers.

En tête, marchait Me Versoris, sur sa mule, accompagné de son maître-clerc en croupe.

Puis venaient, sur un même âne, dans des paniers, d'un côté les deux pupilles ; de l'autre, le petit Versoris, et, comme il était plus léger, on avait placé un pain de son côté, pour faire le contrepoids.

A l'arrière-garde, enfin, dans une charrette couverte, bien garnie de bonne paille fraîche au dedans, la vieille servante, une jeune chambrière, et un valet.

C'est dans cet équipage, qui ferait de nos jours pousser à la foule un cri carnavalesque, qu'ils traversèrent le pont Saint-Michel, peuplé de libraires ; la rue de la Barillerie, devant le Palais ; le Pont-au-Change, peuplé d'orfèvres [1] ; la longue et obscure voûte du Grand-Châtelet ; la rue Saint-Denis ; les Halles, le Pilori ; la Pointe Sainte-Eustache et la rue Montmartre, jusqu'à l'endroit où

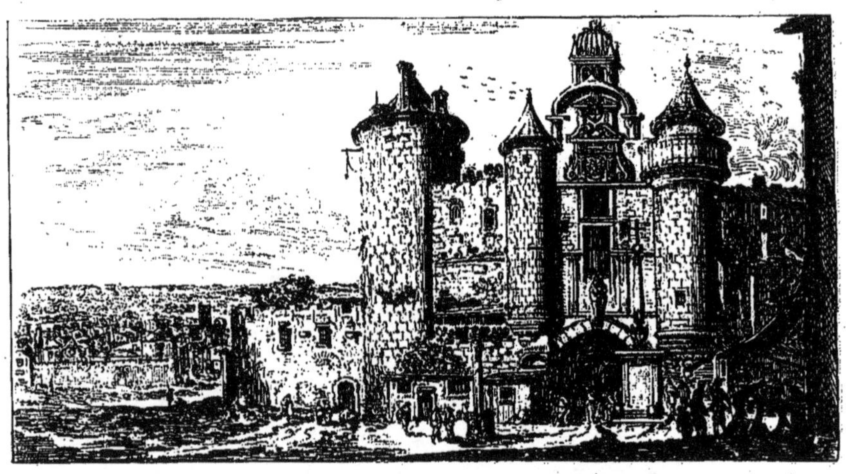

LE GRAND-CHATELET DE PARIS, d'après une gravure d'Israël.

passe aujourd'hui la rue d'Aboukir. Là, ils durent franchir, sur un pont-levis, le fossé de l'enceinte de Charles V, et se trouvèrent dans les champs.

La rue était devenue route ; les maisons étaient plus basses et plus espacées ; ils entraient dans la riche région des cultures maraîchères qui fournissaient alors Paris de légumes qu'on ne voit plus pousser dans la rue du Croissant.

Les distractions des casinos des côtes normandes étaient inconnues dans ces parages encore agrestes. On n'y trouvait que

1. Le Pont *Saint-Michel* et le *Pont-au-Change* étaient bordés de maisons. Les Parisiens ne pouvaient voir la Seine qu'au quai des Augustins, au quai de l'École, à la place de Grève et sur les ports.

quelques jeux de boules et quelques cabarets dans les environs du château du Coq, ancienne propriété du prévôt des marchands de ce nom [1], que rappelle encore l'*avenue du Coq*, rue Saint-Lazare.

Je soupçonne aussi dans le même coin un chemin herbu, solitaire, humide, puisque *grenouilles y chantaient* !

Ce fut, à la fin du dix-huitième siècle, la rue *Chante-Raine* [2] qui prit brusquement le nom de *rue de la Victoire*, lorsque Bonaparte, à son retour d'Égypte, y vint demeurer, le 16 octobre 1799.

Aucun obstacle ne gênait plus la vue de nos voyageurs. A mesure qu'ils approchaient, ils pouvaient apercevoir à l'horizon, au-dessus de la Grange-Batelière, la colline de Montmartre et son abbaye ; la petite église Saint-Pierre [3], et la chapelle des Martyrs, où « furent décollés Monseigneur saint Denys et ses compaignons [4]. »

C'est là que sont de nos jours le Moulin-Rouge et le Moulin de la Galette.

Ce n'était pas par une vaine fantaisie que la malheureuse Mme Versoris avait demandé à être conduite avec ses enfants à la plage des Porcherons, car elle y expira une douzaine de jours après son arrivée. « Je prie à Dieu qu'il aist fait pardon et mercy à sa pauvre âme, » dit le journal quotidien très exactement tenu par son mari.

1. Maître Hugues Le Coq, prévôt des marchands, en 1420. Ancienne famille parisienne, dont le membre le plus connu est le fameux Robert Le Coq, évêque de Laon, ami et contemporain d'Étienne Marcel.

2. *Raine*, terme vieilli, ancien nom de la grenouille, du latin *Rana*. Le diminutif a été *Renoulle*, et de là est venu *Grenouille*.

3. L'abbaye a complètement disparu, mais l'église Saint-Pierre — l'un des plus curieux spécimens de l'architecture romane — existe toujours au haut de la butte. On peut voir dans l'intérieur quatre colonnes de marbre antique, débris précieux du temple de Mars, sur les ruines duquel a été élevée l'église.

4. Cette chapelle des Martyrs, dont il ne reste plus trace, a eu *trois étages* superposés dans la suite des siècles. La crypte la plus profonde, celle où saint Denys pria, fut découverte, en faisant des fouilles, le 13 juillet 1611. On y parvint par un escalier de trente-sept marches, fort dégradé. Tout Paris voulut la visiter, et Marie de Médicis y vint en pèlerinage.

Au-dessus, se trouvait la chapelle souterraine où Ignace de Loyola prononça avec François Xavier et Jacques Lainez, en 1534, le jour de l'Ascension, les vœux qui constituèrent l'Ordre des Jésuites.

Enfin, à fleur de terre, s'élevait la chapelle supérieure, ruinée pendant les troubles de la Ligue, et que les Dames de l'abbaye firent restaurer en 1611.

III

PROPOS DE TABLE

Voici une petite oraison funèbre qui, pour être antérieure à Bossuet, n'en a pas moins une certaine saveur : « Le vingt-deuxième jour de septembre 1526, alla de vie à trépas Lescarlatte, femme industrieuse à fournir, louer et prester tout mesnaige, à faire gros banquets, mesme pour les docteurs, régens et maistres de l'Université de Paris ».

Intérieur de cuisine, d'après le *Calendrium Romanum* (1518).

Le petit commerce de cette dame estimable, utile à ses semblables par son génie des affaires, devait être très florissant, si j'en juge par l'empressement que les bourgeois, les marchands, les corporations des métiers, les régents de l'Université, les gens de robe, les médecins, les chanoines eux-mêmes, mettaient à saisir tous les prétextes de se réunir autour d'une table copieusement servie, et de fêter tous les saints dont l'Église chargeait toujours son prône.

Un festin délicat, j'imagine, par le petit nombre et la qualité des convives, dut être le dîner que quelques amis offrirent à Étienne Dolet lors de son court séjour à Paris, à la fin de mars 1537. Les circonstances seules empêchèrent M. Renan et les frères de Goncourt d'en être. J'enrage de n'avoir pas écouté aux portes du Brébant d'alors, et de ne pouvoir vous dire exactement quels propos y tinrent, *inter pocula*, les hellénistes Budé, Danès ; le beau causeur Bérauld ; l'érudit Toussain; les versificateurs Macrin, Bourbon, Dampierre, Voulté ; le poète Clément Marot et François Rabelais. Ils étaient douze, les bons apôtres, sans compter leur hôte, pensant peut-être déjà, comme Grimod de La Reynière, que le nombre treize n'est à craindre que s'il n'y a à manger que pour douze !

Un repas au XVIe siècle.
Vignette tirée de *l'Ésope*, imprimé en 1501, et montrant l'absence de fourchettes.

Si j'ignore ce que l'on disait dans les agapes de ce temps, je sais trop comment on y mangeait et comment on mangeait partout. Les fourchettes n'ayant commencé à être d'un usage un peu général — dans le grand monde — que vers 1600, c'est avec les mains que la plus belle moitié du genre humain, comme l'autre, saisissait élégamment les morceaux de viande pour les porter à la bouche. On mangeait la soupe *à la gamelle*, et si cela vous paraît trop invraisemblable, je vous demande de méditer ces vers accusateurs du « petit Coulanges », l'ami et le cousin de Mme de Sévigné :

Le repas du chatelain,
d'après une miniature des *Enseignements d'Anne de France*.

Jadis le potage on mangeoit
Dans le plat, sans cérémonie,

Et sa cuillère on essuyoit
Souvent sur la poule bouillie.

Dans la fricassée autrefois
On sauçait son pain et ses doigts.

DAME MANGEANT AVEC UNE FOURCHETTE (XVIIe SIÈCLE),
d'après l'estampe de Bonnart intitulée *Le Midy*.

C'est lui qui raconte avec horreur, car c'était un dégoûté, que Mme de Saint-Germain donnait de la sauce à ses voisins avec la cuillère qui sortait de sa belle bouche, et que Mme de La Salle ne servit jamais qu'avec ses dix doigts. Les écuelles étaient si rares, qu'une seule servait pour deux, et de là le dicton trop connu.

Quel contraste, n'est-ce pas, avec la correction, la tenue, la propreté exquise d'un dîner de nos jours ! François Ier et

Louis XIV étaient servis dans des pièces d'orfèvrerie, artistiques, lourdes, coûteuses, mais ils n'eurent jamais l'agréable luxe

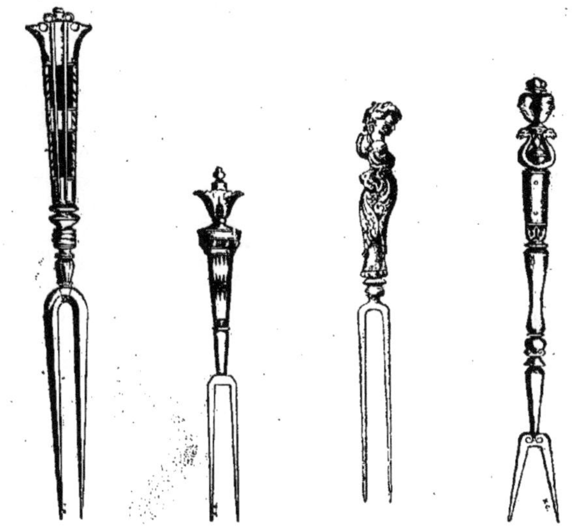

Modèles de fourchettes a deux fourchons du XVIe siècle (Musée du Louvre).

des jolis services, si bon marché, qui font maintenant la joie

Fourchette du roi Louis XIV,
d'après un dessin de l'album de R. de Cotte (Cabinet des estampes).

de la moindre de nos ménagères : vaisselle, cristaux, porcelaines,

Fourchette ployante en fer doré et damasquiné (XVIe siècle).

linge, argenterie, en telle abondance qu'on n'hésite jamais à en changer. Seulement, de nos repas officiels et guindés, la gaîté s'en est allée ; c'est à peine si l'on parle à voix basse. Napoléon Ier, qui dînait en un quart d'heure, rompit avec les habitudes des

Parisiens du dix-huitième siècle, qui mangeaient beaucoup et sans se presser. Aujourd'hui on dirait « que la table est louée, » et souvent elle l'est ; il faut l'enlever en hâte pour le bal, la réception ou le concert.

UNE SALLE DE BAIN AU MOYEN AGE, d'après une miniature du *Roman de Watriquez*. (Bibl. de l'Arsenal.)

A un récent dîner de la *Société des Amis des Monuments Parisiens*, il y eut, pour « entremets », une conférence sur l'ancien hôtel Saint-Paul, et des projections montrant le château de Louis XI, que des vandales sont parvenus à démolir à Dijon.

Ce même Louis XI, ami d'une sage économie, se plaisait fort à festoyer, mais cela aux dépens de quelqu'un de ses bons

UNE BAIGNOIRE, d'après une miniature de l'*Histoire de France de Jason*. (Manuscrit du XVe siècle. Bibl. de l'Arsenal.)

compères de la rue Saint-Antoine, chez qui il s'invitait lui-même.

Un certain soir, il s'en va souper, sans façon, chez Guillaume de Corbie, conseiller au Parlement, avec plusieurs damoiselles et honnêtes bourgeoises. C'est lui qui récita le *Benedicite*, et l'on fit ensuite grande et bonne chère. Une autre fois, rentrant à Paris, encore tout chaud de la bataille de Montlhéry, il soupe, « sans rancune, » chez son voisin et compère Charles de Melun, qui l'avait bien un peu trahi ; il raconte aux seigneurs, damoiselles et bourgeoises, le combat, « à son avantage, les attendrit et les fait pleurer bien largement. »

Un peu plus tard, il conduit lui-même sa jeune femme, Charlotte de Savoie, aux noces d'un de ses sujets, Nicolas Balue, frère du fameux cardinal. Enfin, quelques jours après, nouveau dîner chez Jehan Dauvet, premier président, en son hôtel de la rue Gît-le-Cœur, au coin de la rue de l'Hirondelle. Comme c'était une maison luxueuse, où l'on se piquait de connaître les grands usages, savez-vous ce qu'on offrit à la Reine et aux dames de sa compagnie avant le repas ? « Quatre moult beaux bains, cuidant que la Reyne se y deust baigner, ainsi que madame de Bourbon, mademoiselle Bonne de Savoie, et Perrette, bourgeoise de Paris, et y firent bonne chère. »

Les baignoires des petits bourgeois étaient de simples barriques. Chez les grands, les cuves étaient de bois d'Irlande, « ornées tout autour de bossettes dorées et liées de cerceaux attachés avec des clous de cuivre doré. »

A une autre fois, le récit des festins pantagruéliques et des entremets[1] prodigieux que donnaient les rois dans la grande salle du Palais, et les menus du pauvre peuple, auquel il faut aussi songer.

1. Ce mot a changé de sens. Au moyen âge, *entremets* signifie le divertissement qui se faisait dans un intervalle du repas : « Au banquet offert à l'empereur par le roi Charles V, s'avança un vaisseau, avec ses mâts, voiles et cordages, mû par des ressorts cachés ; Godefroy de Bouillon se tenait sur le pont, entouré de ses chevaliers..... Au vaisseau succéda la cité de Jérusalem, avec ses tours chargées de Sarrasins ; les chrétiens débarquèrent, plantèrent les échelles aux murailles, etc. »

IV

L'EAU A PARIS

TREMBLEZ, mon cher lecteur, quand vous verrez afficher partout : « L'eau de rivière sera substituée à l'eau de source, pendant une durée de vingt jours, dans le VIIIe, le XVIe, le XVIIe arrondissement. » Soyez certain que les autres auront leur tour.

Non seulement cette eau de Seine est détestable, mais elle encrasse les conduits, et quand la bonne, claire, fraîche, sapide eau de la Dhuys vous sera rendue, elle trouvera son logis — c'est-à-dire ses tuyaux — contaminé, sali, par les souillures de toute sorte que l'étrangère, vagabonde et mal famée, laisse derrière elle pour tout souvenir.

Je vous vois déjà, gonflé d'un trop juste courroux, prêt à réunir vos amis les plus sûrs, pour former avec eux un syndicat contre la Compagnie des Eaux. N'en faites rien ; croyez-moi, contentez-vous de votre lot, et dites-vous bien qu'il n'est pas le pire de tous ; que si — par ordre — vous êtes empoisonné vingt jours durant, au petit bonheur, vos aïeux parisiens l'étaient du 1er janvier à la Saint-Sylvestre. Ils n'en ont pas moins procréé cette belle lignée à laquelle nous sommes fiers d'appartenir, vous et moi !

Au premier siècle avant l'ère chrétienne, les *Parisii*, très peu nombreux encore, eurent les prémices de la toute jeune Seine, — *virginis intactæ;* — ils la buvaient, s'y baignaient, la polluaient, et lui élevaient des statues. Impassible, la belle déesse *Sequana* coulait, coulait toujours.

Quand, au commencement de l'ère chrétienne, Lutèce prit tout à coup un accroissement assez considérable pour être comptée comme l'une des soixante cités de la Gaule; quand sa propre statue figura dans le temple élevé à Lyon, au confluent de la Saône et du Rhône, par Drusus, en l'honneur de Rome et Auguste; quand elle eut un temple de Jupiter à l'orient de son île principale, un temple de Mars sur sa colline septentrionale, un palais dans la

FONTAINE DE BIRAGUE ET ÉGLISE SAINT-PAUL, RUE SAINT-ANTOINE.

Cité, un autre sur la rive gauche; des Thermes, des Arènes, un camp prétorien, et partout, çà et là, sur les deux rives, des villas, des tombeaux luxueux, des arcs de triomphe, quelques-uns des césars qui faisaient leur séjour à Paris ne purent souffrir davantage de boire les eaux de la Seine corrompues par les déjections de Melun, de Montereau, de Sens, et ils entreprirent une œuvre colossale : amener à leur palais des Thermes, par le gigantesque aqueduc d'Arcueil, les eaux des sources captées à près de quatre lieues de là, dans la petite vallée de Rungis.

Que reste-t-il de ces étonnants témoignages de la puissance

Le puits de l'Hôtel de Cluny.

romaine? Deux salles et quelques pans de murs des Thermes, bien minime partie des bains — jugez de ce que devait être le reste! — les Arènes, une arcade de l'aqueduc d'Arcueil, et — mieux que tout cela — une évocation magique de la Lutèce gallo-romaine, publiée dans le *Paris à travers les Ages* de Didot, et due au crayon de l'archéologue Hoffbauer, le décorateur le plus merveilleux que je connaisse!

Ces ouvrages gigantesques, ces machines étranges d'une civilisation qui cherchait à se survivre, n'eurent pas une longue durée. Les maîtres eux-mêmes n'étaient plus capables d'entretenir ce qu'ils avaient fondé! Chaque génération y porta la pioche avec une sorte de rage : les chrétiens d'abord; puis les Barbares, puis les Normands.

FONTAINE ET TOUR DU VERTBOIS.

Voilà comment les Mérovingiens ne burent jamais une goutte de l'eau de Rungis, l'aqueduc d'Arcueil n'étant plus, sous le poids des siècles, qu'une ruine énorme, incomprise des populations étonnées.

Les habitants de la rive gauche n'eurent même pas la ressource de creuser facilement des puits. Pour trouver l'eau, dans la rue Saint-Jacques, il faut percer jusqu'à près de trente mètres. Aussi cette région ne prit-elle presque aucune extension, de Philippe Auguste à Henri IV.

Tout autre était la situation sur la rive droite. Là, il suffisait de gratter le sol, pour rencontrer l'eau de puits presque à fleur de terre. Aussi les maisons s'y élevèrent avec une rapidité prodigieuse, chacune ayant son puits, ou au moins un puits creusé dans le mur mitoyen de la propriété voisine.

Puits situé rue du Fouarre
(détruit pour le percement de la rue Lagrange).

On découvre encore aujourd'hui, dans plusieurs de nos vieilles rues, quelques-uns de ces anciens puits avec leurs margelles sculptées : un à l'hôtel de Cluny ; un autre, rue du Figuier, près l'hôtel de Sens; enfin, dans le passage de Rouen, celui de l'hôtel que s'était fait construire, en cet endroit, Jacques Coictier, le médecin, le confident, le compère et l'astrologue du roi Louis XI.

N'est-il pas curieux, après avoir considéré d'abord l'eau comme le facteur le plus important de la santé, de la propreté et de l'alimentation, de la retrouver maintenant l'un des facteurs qui ont contribué le plus énergiquement à la *poussée* de la capitale vers le Nord-Ouest ?

Nos ancêtres de la rive droite auraient donc pu dire, eux aussi : « *Que d'eau! que d'eau!* » Mais quelle eau! les malheureux eurent la quantité, ils ne connurent jamais la qualité. Rien de plus saumâtre, de plus nauséabond, que cette eau chargée de matières organiques, impropre au savonnage et à la cuisson des légumes ! Ce n'en fut pas moins, à peu près, la seule ressource de nos ménagères jusqu'au commencement de ce siècle. Quelle cuisine !

Au treizième siècle, grâce à Philippe Auguste et à saint Louis, une assez grande amélioration fut apportée au sort de nos tristes buveurs d'eau.

FONTAINE IMPASSE DE LA POISSONNERIE (près la rue Saint-Antoine.)

Du plateau compris entre Pantin, Nogent, Montreuil, Bagnolet et Charonne, ruisselaient sur les pentes une multitude de petites sources. Les religieux de Saint-Lazare, et ceux du prieuré de Saint-Martin-des-Champs, les captèrent avec des soins infinis, et en amenèrent les eaux à des fontaines publiques, chose alors toute nouvelle : la fontaine des Halles, celle des Filles-Dieu, celle du Ponceau, celle de la Reine et celle des Innocents, dans la rue Saint-Denis ; celle du Trahoir, dans la rue Saint-Honoré ; les fontaines du Vert-Bois, Maubuée, de Saint-Julien-des-Ménestriers, dans la rue Saint-Martin ; celle de Marle, des Cinq-Diamants, de Baudoyer, de Sainte-Avoie et de la Barre-du-Bec.

Ces petits édifices, dont plusieurs subsistent encore, répandaient un peu de fraîcheur, et surtout beaucoup de gaîté dans ces vieux carrefours. La fontaine, c'est le lieu où l'on se rassemble, où l'on débite les nouvelles. Quand le condamné à mort, se rendant à Montfaucon, passait devant la fontaine des Filles-Dieu, les religieuses lui offraient trois soupes trempées de vin. Quand le roi, après le sacre, faisait son entrée dans sa capitale, les fontaines du Ponceau, de la Reine, des Innocents, versaient, jour et nuit, au peuple, du lait, du vin vermeil, du vin blanc et de l'hypocras. Ce dernier divertissement aurait encore son succès un Quatorze-Juillet.

Voilà la part du peuple faite ; il fallut, sans tarder, faire celle des Communautés, des Hôtels des Grands, et même des maisons de bourgeois. Il n'y avait pas un échevin qui ne sollicitât sa concession, c'est-à-dire un *tuyau*, lui amenant l'eau à domicile,

Vue de la fontaine Saint-Innocent a Paris,
à l'angle des rues Saint-Denis et aux Fers.

et l'énumération de ces faveurs nous fournit les adresses d'importants personnages du XVIe siècle : « La grosseur d'un pois d'eau à Philibert Babou de La Bourdaisière, demeurant à l'Hôtel de Clisson[1] ; — la grosseur d'un pois à Jean Luillier de Boulencourt, prévôt des marchands, rue Barre-du-Bec ; — Monseigneur de Montmorency de La Rochepot, gouverneur de Paris, rue Saint-Antoine, en face Sainte-Catherine[2] ; — Mme Diane de Poitiers, duchesse de Valentinois, à l'hôtel Barbette, rue Bar-

1. On en voit encore la porte d'entrée, entre deux tourelles, rue des Archives. Cet hôtel de Clisson devint au XVIe siècle la propriété des ducs de Guise, et passa dans le XVIIIe siècle aux Rohan-Soubise, qui en firent le splendide palais où sont conservées maintenant les archives nationales.

2. L'hôtel des Montmorency de la Rochepot fut acheté, en 1580, par le cardinal de Bourbon qui en fit présent aux Jésuites pour qu'ils y établissent leur *Maison professe*. C'est aujourd'hui le lycée Charlemagne et l'église Saint-Paul-Saint-Louis, rue Saint-Antoine, en face de la rue de Sévigné.

bette[1]; — le chancelier de Bellièvre, rue Béthizy[2]; — Mme Diane de France, duchesse d'Angoulême, rue Pavée[3]; — Philibert de l'Orme, arquitecte, rue de la Cerisaie[4], etc. »

La lutte, par des engins insuffisants, extravagants, plus coûteux que productifs : la Samaritaine, la Pompe Notre-Dame, les pompes à feu de Chaillot et du Gros-Caillou, s'est continuée, de siècle en siècle, jusqu'à hier, dans des conditions qui ne pouvaient amener aucune solution satisfaisante.

Je parlerai un autre jour du système admirablement conçu de l'adduction des eaux de la Dhuys, de la Vanne et de l'Avre. Il nous donnera toute la quantité désirable d'eau fraîche et saine, le jour où nous saurons faire résolument des sacrifices en rapport avec nos exigences.

DÉTAIL DE LA FONTAINE DES INNOCENTS
telle qu'elle était au XVIe siècle.

1. La Courtille Barbette, séjour d'un prévôt des marchands du temps de Philippe le Bel, puis de la reine Isabeau de Bavière, occupait le vaste espace compris entre les rues Vieille-du-Temple et des Trois-Pavillons, des Francs-Bourgeois et de la Perle. L'hôtel fut divisé après la mort de Diane de Poitiers. Sur une partie de son emplacement s'éleva la maison à gracieuse tourelle qu'on remarque au coin des rues Vieille-du-Temple et des Francs-Bourgeois. Elle n'a jamais fait partie de l'hôtel Barbette, dont l'existence est antérieure.

2. Ou plutôt rue des Bourdonnais, dans l'ancien hôtel de la Trémouille.

3. Cet hôtel, parfaitement conservé, existe toujours rue Pavée-au-Marais; il est connu sous le nom d'hôtel Lamoignon. Malheureusement, le jardin, qui s'étendait jusqu'à la rue Culture-Sainte-Catherine (Sévigné), a disparu, couvert de maisons de rapport.

4. La très curieuse maison de Philibert de l'Orme n'a disparu qu'il y a quelques années, lors du percement du boulevard Henri-IV.

V

LES MENUS DU PAUVRE PEUPLE

Des Barreaux, jeune et libertin [1], mangeant gras, un samedi au cabaret, le tonnerre tomba presque à côté de lui. Il jeta le plat par la fenêtre, en disant : « Voilà bien du bruit pour une omelette au lard ! »

Cela se passait au dix-septième siècle. Il y eut autant de fracas, dans Landerneau, quand le sénateur Sainte-Beuve, le vendredi saint d'avril 1868, donna à ses amis, le prince Napoléon, MM. Taine, About, Renan, Flaubert et Charles Robin, un dîner dont le menu était tel :

Potage tapioca.
Truite saumonée. — Filet au vin de Madère.
Faisan truffé.
Buisson d'écrevisses. — Pointes d'asperges.
Salade.
Parfait au café. — Dessert.
Vins : Château-Margaux, Nuits, Musigny,
Château-Yquem, Champagne.

Il n'y a pas de bourgeois, de négociant, de banquier, de magistrat à l'aise, que ce menu étonne. Allégez-le un peu : supprimez

1. *Libertin.* Au XVIIe siècle, ce mot signifie : qui ne s'assujettit ni aux croyances ni aux pratiques de la religion. C'est ainsi que, dans le *Tartufe*, Orgon dit en parlant de Valère :

Je le soupçonne encore d'être un peu libertin :
Je ne remarque point qu'il hante les églises.

Des Barreaux fut un aimable épicurien qui brûla les pièces d'un procès dont il était rapporteur, et paya la somme en litige plutôt que de s'ennuyer à plaider. Magistrat démissionnaire, maître de sa fortune, auteur de vers faciles, de chansons gaies, il se vit recherché dans les meilleures sociétés jusqu'à un âge avancé. Il poussa le dilettantisme jusqu'à changer de séjour chaque année autant de fois qu'il y a de saisons, et, à l'âge de soixante et onze ans, il se retira à Chalon-sur-Saône pour y mourir « en respirant le meilleur air de France. »

deux vins sur cinq, et il deviendra le modeste ordinaire d'une famille « de gens très bien. »

C'est une plaisanterie courante dans ce monde heureux de parler constamment de l'ouvrier qui « se soigne, se nourrit chèrement, ne mange que de bons morceaux, et ne cesse de faire la noce. »

UN COMPTOIR DE DÉGUSTATION.

Hélas! le pauvre diable, pour se nourrir si bien, et « faire la noce, » il faudrait qu'il eût le secret du miracle de Cana et de la multiplication des pains! Quand il fait la noce — ce que je ne nie pas, — c'est qu'il dissipe, en une fois, le produit de la semaine, et alors, il mange peu, boit avec excès et s'alcoolise, plus excusable en somme que MM. .....; mais depuis quelque temps je perds la mémoire des noms.

Voici le budget, très exact, d'un compagnon-maçon, mon voisin, un *limousin*[1].

UNE CRÈMERIE SOUS UNE PORTE COCHÈRE.

Cet ouvrier

1. La plupart des maçons qui viennent à Paris appartiennent aux départements de la Creuse, de la Corrèze, de la Haute-Vienne; mais le mot *limousin* signifie ici l'ouvrier de choix, chargé de la partie la plus difficile du travail.

A Paris, les maçons habitent les environs de la place Maubert, et, sur la rive droite, l'ancienne rue de la *Mortellerie*, aujourd'hui de l'Hôtel-de-Ville, et les rues adjacentes, des *Nonnains-d'Hyères*, *Geoffroy-l'Asnier*, du *Fauconnier*, du *Figuier*, des *Jardins*, etc.

Mortellerie, vieux mot, signifie l'art du *mortellier*, celui qui fabrique le ciment, et par suite le *maçon*. Les *teinturiers* l'ont aussi habitée, et il y en a encore : « *Je ving en la Mortelerie* — dit Guillot, vers 1300, — *où a mainte tainturerie.* »

habile, maître dans son métier, gagne sept francs par jour; mais comme il n'a de travail que pendant les trois quarts de l'année, ce chômage réduit son gain quotidien à cinq francs vingt centimes.

Il déjeune de onze heures à midi, et dépense :

Un ordinaire (bœuf et bouillon)	0f 40	
Pain	0 10	
Chopine	0 40	
Fromage	0 15	
Café, cognac	0 30	
	1f 35 .. ci	1f 35

A deux heures, il prend :

Pain, chopine, viande	0 70 .. ci	0 70

Enfin, le soir, dans son garni, il prend :

Une soupe et un légume (Il fournit son pain)	0 60 .. ci	0 60
	Total...	2f 65

Le *garçon-maçon* est moins fortuné. Il ne gagne que quatre francs soixante-quinze centimes par jour, réduits en réalité par le chômage à trois francs cinquante-cinq. Il est forcé de se priver de café, et ne dépense que 2 fr. 35.

Je connais, de longue date, ces incroyables prodiges d'économie. Pendant près de trois ans, je n'ai pas manqué un jour d'assister aux fouilles des Arènes de la rue Monge, enfouies, depuis des siècles, sous un remblai de quinze mètres. Nous occupions là une équipe de cinq ou six terrassiers — pas plus — que nous avions formés à enlever la terre avec des précautions méticuleuses, puisqu'à chaque coup de pioche ils pouvaient atteindre un débris précieux. Le métier de terrassier, étant des plus faciles, est l'un des moins payés. Ces hommes silencieux, robustes, très soumis, gagnaient à peine trois francs par jour, et ne perdaient pas un instant. Bientôt, je m'aperçus qu'à l'heure des repas, leurs femmes et leurs enfants apparaissaient, apportant le pauvre déjeuner, bien moins coûteux pris ainsi en commun que chez le marchand de vin. Chaque smalah s'établissait dans quelque coin, tant mal que bien, et mangeait silencieusement. J'ai conservé le meilleur souvenir de ces braves gens et de leurs petites familles.

Plus grande encore était la sobriété forcée des artisans, des marchands, des petits bourgeois du quinzième siècle. On ne connaissait encore ni le sucre, ni le café, ni le chocolat, ni les pommes de terre, ni les primeurs, ni les conserves, ni les pâtes d'Italie. Aujourd'hui c'est un dicton qu'avec de l'argent on a tout ce que l'on veut.

Il en était tout autrement au moyen âge, où la disette était à peu près l'état permanent, où à chaque instant les approvisionnements destinés à nos marchés étaient pillés en route. Dans une ville affamée, l'argent devient aussi inutile que dans le Sahara !

LA SOUPE DU MATIN AUX HALLES.

Un Journal, qu'on a pris l'habitude de désigner sous ce titre : *Journal d'un Bourgeois de Paris*, parce qu'on ne sait au juste quel en est l'auteur, s'étend de l'année 1405 à l'année 1449. Celui qui l'a écrit fut certes un mauvais Français, un fanatique des Bourguignons. Il ne perd jamais l'occasion de relater les faits qui peuvent être à l'avantage des Anglais. Mais ce n'en est pas moins un conteur assez agréable d'anecdotes, de bruits populaires, de faits graves ou plaisants, de prodiges, etc. Ce qui le préoccupe le plus, c'est le prix, la qualité, l'arrivage des vivres nécessaires à la cité. En le lisant avec attention, on voit que beaucoup de Parisiens, de médiocre condition, comptaient, pour se nourrir, non seulement sur leurs achats au marché, moyennant finance, mais aussi sur l'exploitation de quelque parcelle de terre dans la banlieue : à Vaugirard, à Montrouge, à Saint-Marcel, à Montreuil, à Charonne, à Bagnolet, à Pincourt, à la Villette, vers le château du Coq, à la Ville-l'Évêque, à Auteuil. C'est la cause de leurs lamentations douloureuses, quand les guerres, les pilleries continuelles les empêchent d'aller faire valoir leurs maigres biens.

Tout en rajeunissant un peu son style, je laisse la parole au rédacteur anonyme, dont le récit est le plus souvent d'une désolante tristesse.

« En cette année 1419, toute victuaille fut d'abord d'une grande cherté, et quatre chefs d'aulx, bien petits, valoient quatre deniers parisis ; mais après la trêve conclue, à la fin de mai, entre les Bourguignons et les Armagnacs, vinrent tant de biens, de lard, de fromage, qu'ils étoient entassés aux Halles, aussi haut qu'un homme, et ce qui coûtoit douze sous la semaine précédente étoit donné pour six blancs.

DEUX SOUS DE « FRITES ».

» En décembre 1420, on trouvoit, sur les fumiers de Paris, dix, vingt, trente enfants, fils et filles, qui y mouroient de faim et de froid, et on les entendoit crier la nuit : Hélas ! je meurs de faim ! Les pauvres ménagers ne leur pouvoient aider, car ils n'avoient eux-mêmes ni pain, ni blé, ni bûches, ni charbon, et ne mangeoient que choux, naveaux et potages sans pain ni sel.

» En 1423, les loups hurloient toutes les nuits dans les rues de Paris ; pauvres gens n'avoient ni vin, ni pitance, sinon quelques noix, et Paris *s'apetissoit moult de gens !*

» En 1436, quinze jours avant Pâques, faillirent les harengs et les oignons.

» En mai 1438, on ne vendoit au marché que des choux, des mauves, des sauves, des orties, et les pauvres gens les cuisoient sans graisse, avec un peu de sel, et les mangeoient sans pain.

» En mai 1447, le vin fut si cher que le pauvre peuple ne

buvoit plus que de la cervoise, de la bière, du cidre ou du poiré. »

Ce passé lugubre donne le frisson, et, de bonne foi, combien est préférable le sort de mes terrassiers, de mon garçon-maçon, de mon limousin — qui prend son café tous les jours, — et même des honnêtes gens qui « atténuent » légèrement le menu de Sainte-Beuve !

D'autant plus que de telles souffrances exaspéraient les plus doux et qu'il y avait parfois des réveils terribles : « En 1326, y eut moult grant dissencion entre les bourgeois et les boulengiers, par la faute d'un boulengier, nommé Roger Bontemps. Ils faisoient leur pain trop petit et y mettoient de la lie et autres choses diffamables, dont le menu peuple était tout englouti et mort. Au jour du dimanche avant la fête Saint-Jean-Baptiste, ils furent mis au milieu des Halles, au nombre de seize, sur seize roues, les pieds liés de la main du bourreau, chétifs, moqués et hués du peuple de Paris, et de plus bannis du royaume de France. »

VI

POMPIERS D'AUJOURD'HUI ET INCENDIES D'ANTAN

Il m'est arrivé d'assister dans la grande Galerie des Machines du Champ-de-Mars, au Festival annuel des sapeurs-pompiers des communes suburbaines du département de la Seine, opérant sous les yeux du général Saussier, du Préfet de la Seine et du Directeur des Travaux de Paris.

Ils étaient au moins quinze cents, ces braves volontaires de notre banlieue, et c'était à qui présenterait le matériel le plus complet de sacs, d'amarres, de cordages, de nœuds à coulisse, sans oublier l'artillerie des pompes.

En face de la tribune, avaient été dressés deux échafaudages figurant des maisons à deux étages, et chaque commune exécutait à son tour des simulacres d'extinction de flammes et de sauvetages. Des manœuvres comme celles-là ne peuvent tourner au tragique ; aussi, étaient-elles généralement terminées par un bal très brillant, offert, dans la soirée, aux officiers, sous le Dôme central.

La sécurité des habitants de Paris, menacés à toute heure par le redoutable fléau, repose sur le courage, la discipline et le matériel hors ligne des sapeurs-pompiers.

Ils forment, on le sait, un régiment d'infanterie de deux bataillons, composés chacun de six compagnies sous le commandement de cinquante et un officiers, en tout 1,744 hommes astreints, outre les manœuvres d'infanterie, au service spécial de pompier.

Les nouvelles casernes sont construites sur de grandes voies : elles ont de vastes cours, de larges escaliers qui facilitent la promptitude des mouvements.

Près de trois mille bouches d'eau sont placées, de cent mètres en cent mètres, soit dans les rues, soit dans les édifices publics. Ajoutez les postes de pompes à vapeur, toujours prêtes à partir en quelques secondes, pour le lieu du danger.

Cette organisation, à laquelle on ne peut refuser une certaine valeur, est loin pourtant d'échapper à toute critique, et elle n'inspire qu'une confiance très relative à ceux qui étudient ces questions, surtout depuis l'épouvantable catastrophe de l'Opéra-Comique.

LA MANŒUVRE DES TUYAUX.

La faute principale a été l'assimilation trop absolue du corps des sapeurs-pompiers à un régiment de ligne. Elle entraîne pour la Ville le paiement d'un état-major trop nombreux ; l'entretien des chevaux pour les douze capitaines, sous le beau prétexte que les capitaines d'infanterie sont montés ! le port inutile du fusil ; le départ des hommes au moment où ils ont acquis leur instruction complète. Enfin, les officiers arrivent au corps sans vocation, et ne peuvent se livrer aux études techniques qu'exigerait leur nouvelle situation, parce qu'ils sont préoccupés de ne pas oublier le service de l'infanterie, où ils doivent bientôt retourner.

Au reste, il faut bien le reconnaître, le seul remède employé jusqu'ici est presque aussi nuisible que le mal. Avoir sa bibliothèque brûlée ou inondée, c'est tout un! L'avantage de l'eau, c'est qu'elle circonscrit le foyer de l'incendie et préserve le voisinage, mais à quel prix! Ce qu'il faut donc préconiser, c'est la prudence et la méthode préventive : l'emploi de la pierre, du fer, des matières ignifuges, et des larges artères qui permettent aux secours d'arriver presque instantanément.

Commandement par téléphone.

On devine ce que devait être le spectacle du feu, dans une ville comme Paris, au moyen âge : absence de tout matériel défensif; pour seul engin, la pompe à main, due à l'Alexandrin Ctésibus, et point d'eau pour remplir cette « seringue », puisqu'on ne pouvait guère approcher de la rivière ; des rues étroites et tortueuses, des maisons de bois flambant comme des allumettes ; aucun personnel spécial, si ce n'est les maîtres-maçons, couvreurs, charpentiers, et quelques moines que l'on réquisitionnait.

Le premier incendie de Paris date de 586, et c'est

Grégoire de Tours qui nous le raconte, plus en légendaire qu'en historien : « Une femme dit aux habitants : *Fuyez de la » ville, car elle va être consumée.* » Ils ne firent qu'en rire, pensant qu'elle consultait les sorts, ou qu'elle avait fait de vains rêves.

» Cependant, la troisième nuit après que cette femme eut parlé, vers le crépuscule, un marchand laissa sa lumière près d'une barrique d'huile. Le feu prit à cette maison qui était la

ARRIVÉE DU MATÉRIEL DE SAUVETAGE.

première de la Cité du côté du Midi, et gagna toutes les autres, dans la direction du Sud au Nord. Les malheureux prisonniers enfermés dans la prison publique[1] allaient périr, quand saint Germain leur apparut, brisa leurs chaînes, et leur ouvrit la porte. Ils se réfugièrent dans la basilique de Saint-Vincent, plus tard nommée Saint-Germain des Prés, où était le tombeau du bienheureux évêque. Tout fut la proie des flammes, sauf les églises et l'oratoire où saint Martin, jadis, avait guéri un lépreux. »

1. Cette prison, appelée la prison de *Glaucin*, était d'origine romaine, et située dans la Cité, près du fleuve, sur l'emplacement actuel de l'Hôtel-Dieu. Comme la tradition rapportait que saint Denis y avait été enfermé, les chrétiens en firent une chapelle : *Saint-Symphorien de la Chartre*, ou *Saint-Luc*, qui n'a disparu complètement que de nos jours, en même temps que les *Magasins de la Belle Jardinière.*

Chartre vient de *carcer* et rappelait le souvenir si ancien de cette prison romaine.

Augustin Thierry, dans le VIe des *Récits mérovingiens*, raconte que le comte Leudaste, atteint dans sa fuite par les gardes de Frédégonde, fut lié les mains derrière le dos, chargé sur un cheval, et mené à la *prison publique.* C'est la prison de *Glaucin.*

De tout temps, il y eut des incendiaires. Saint Louis leur faisait crever les yeux.

En 1524, lorsque le connétable de Bourbon se révolta ouvertement contre François Ier, Paris fut littéralement affolé. Le feu avait été mis à Meaux le 24 mai ; il avait duré deux jours et deux nuits, et il avait consumé un tiers de la ville. Le bruit courait que la capitale allait subir le même sort. Des incendiaires, vrais ou supposés tels, — des enfants de huit ans — furent arrêtés ! On amena de Meaux une femme qui fut brûlée vive à la place Maubert, et de Troyes, un vieillard qui fut brûlé à la place de Grève.

Le Parlement ordonna à tous les habitants de faire le guet dès neuf heures du soir ; de mettre, chaque nuit, une lanterne allumée aux fenêtres sur la rue ; de se fournir d'un muid d'eau, et de boucher les soupiraux des caves.

En supposant que le danger fût réel, ces précautions pouvaient avoir quelque utilité. On en prenait un grand nombre d'un ordre tout autre : ainsi, l'on tirait des coups de fusil dans les cheminées ; on jetait dans le feu le *corporal* (linge sur lequel on place l'hostie) ; on amenait en grande pompe le Saint-Sacrement.

Ce fut une autre superstition qui causa la ruine du Petit-Pont dans la soirée du 27 avril 1718 : une femme avait perdu son fils, noyé. Elle plaça un pain bénit et un cierge allumé dans une sébile de bois, persuadée que la sébile, abandonnée au cours de l'eau, s'arrêterait au-dessus du corps. La sébile commença par mettre le feu à un bateau de foin qui s'en alla à la dérive jusqu'à la maîtresse arche du pont, embarrassée de charpentes. En un clin d'œil, le pont fut embrasé, et brûla avec toutes les maisons qui le surmontaient.

Trois incendies déplorables, en 1618, en 1736, en 1776, ont mutilé le Palais de Justice, lui ont enlevé son incomparable beauté et ont fait disparaître à jamais l'ancienne Grand'Salle des Pas-Perdus avec les statues des rois depuis Pharamond jusqu'à Charles IX ; le merveilleux hôtel construit du temps de Louis XII pour la Chambre des Comptes, et enfin le Donjon, les Grands

INCENDIE DE L'OPÉRA EN 1763,
d'après une gravure rehaussée de couleurs (Musée Carnavalet).

Degrés, la Galerie des Prisonniers et la Galerie Mercière.

Une inscription, placée sur le Palais-Royal, à l'angle de la rue Saint-Honoré et de la rue de Valois, rappelle que « la Salle de spectacle du Palais-Cardinal, inaugurée en 1641, fut occupée par la troupe de Molière, de 1661 à 1673, et par l'Académie royale de musique (Opéra) depuis 1673 jusqu'à l'incendie de 1763. »

Un simple feu de cheminée avait gagné dans la matinée du 6 avril les loges des danseuses. Le prévôt des marchands, Camus de Pontcarré, le lieutenant de police de Sartines arrivèrent... trop tard ; et, pour sauver le Palais-Royal, il fallut sacrifier cette salle, historique entre toutes, où le cardinal de Richelieu avait fait jouer *Mirame*, et où Molière, dans toute sa gloire, était tombé mourant, à la quatrième représentation du *Malade imaginaire*, le vendredi 17 février 1673.

Une seconde inscription, placée de l'autre côté de la rue de Valois, sur la maison à l'angle de la rue Saint-Honoré, rappelle que là s'élevait le théâtre de l'Académie royale de musique (Opéra), construit, de 1763 à 1770, par Pierre-Louis Moreau, et incendié le 8 juin 1781.

On voit que les artistes de l'Opéra n'avaient eu qu'à enjamber la rue de Valois. Leur nouvelle salle prit feu, le 8 juin 1781 au soir, à la fin du ballet de *Coronis*. Le danseur Dauberval vit les premières étincelles, mais il eut le sang-froid d'achever son pas, et fit baisser le rideau. Le public ne s'aperçut de rien, et se retira sans désordre. Sur la scène, le feu s'était développé rapidement, l'eau manquait ; tout fut détruit, et les victimes furent nombreuses. On porta à l'église voisine de Saint-Honoré vingt et un cadavres, danseurs, danseuses, machinistes, et trois capucins qui, selon les règles de leur Ordre, étaient venus secourir les victimes.

Un incendie qui consuma, en 1705, l'église du Petit-Saint-Antoine, rue Saint-Antoine, mérite une mention particulière, parce que c'est là que, pour la première fois, fonctionnèrent à Paris les pompes à incendie. Leur invention, ou plutôt leur introduction, est due à un ancien comédien de l'hôtel de Bour-

6

gogne, camarade de Molière dans sa prime jeunesse, François du Mouriez du Périer (grand-père du général), qui en avait remarqué l'emploi dans ses voyages en Allemagne et en Hollande. Le Roi lui accorda les fonds d'une loterie pour l'achat et l'entretien de vingt pompes destinées à Paris, avec privilège de fabriquer et vendre ces engins dans le reste de la France. Le 23 février 1716, du Mouriez fut nommé directeur des pompes, et mis à la tête d'un personnel spécial. Cette organisation rudimentaire fut sans cesse perfectionnée jusqu'à la Révolution. Les gardes-pompes du Roi étaient soixante en 1747, et deux cent vingt en 1785 [1].

Malgré les pompes de du Mouriez, l'Hôtel-Dieu brûla en 1772, *pendant onze jours*, tant les secours arrivaient difficilement. De pauvres malades, surpris dans leurs lits, périrent au milieu des flammes. L'archevêque, Christophe de Baumont, fut un des premiers à organiser le sauvetage, et recueillit dans l'église Notre-Dame un grand nombre de ces malheureux qui s'étaient échappés complètement nus.

L'un des accidents les plus effrayants que puisse causer le feu signala, à Paris, l'année 1810. L'Empereur, tout-puissant, venait de répudier Joséphine et d'épouser Marie-Louise. L'ambassadeur d'Autriche, prince Charles de Schwarzenberg, donna, dans son hôtel de la rue du Mont-Blanc, aujourd'hui rue de la Chaussée-d'Antin, un grand bal en l'honneur du mariage de la fille de son souverain. Comme le nombre des invités était considérable, on avait ajouté aux appartements une immense salle de danse construite en bois. Un cri d'effroi retentit tout à coup : la salle flambait ; la confusion était au comble ; plusieurs femmes avaient déjà péri, brûlées ou écrasées dans la foule. Quelques-unes, affolées, se noyèrent dans le bassin du jardin, en cherchant à éteindre le feu qui dévorait leurs robes de gaze. L'Empereur enleva lui-même l'Impératrice de la salle embrasée. C'est alors qu'eut lieu un drame déchirant : une jeune mère, la belle-sœur de l'ambassadeur, Pauline de Schwarzenberg,

1. Voir sur du Périer du Mouriez, laquais et ami de Molière, comédien, inventeur, financier, la curieuse brochure de M. GEORGES MONVAL.

voulut sauver sa fille, et fut l'une des premières victimes.

L'imagination populaire fut frappée d'une mort si cruelle, et vit dans cet affreux malheur un présage funeste. Chacun se rappelait les scènes terribles qui, quarante ans auparavant, avaient changé en un deuil général les fêtes données, sur la place Louis-XV, pour le mariage d'une autre archiduchesse.

VII

NOS FÊTES ET CELLES DES DERNIERS VALOIS

De la fête officielle du 14 juillet il me serait difficile de dire quelque chose, parce qu'elle a perdu tout caractère d'originalité et qu'elle va chaque année s'amoindrissant. Ce n'est plus en réalité qu'une occasion de chômage que la foule, peu difficile, accepte par routine, heureuse de contempler les illuminations et les banals feux d'artifice.

Une fête grandiose, et bien propre à frapper les imaginations, fut celle que le Directoire donna au Champ-de-Mars, le 29 mai 1797. Au centre, la statue de la Liberté s'élevait sur une plate-forme, entourée de quatorze peupliers auxquels étaient arborés les drapeaux des quatorze armées de la République. Les cinq membres du Directoire, placés en avant de la statue, présentèrent au peuple vingt et un drapeaux conquis par l'armée d'Italie, et envoyés par le général Bonaparte ; puis ils distribuèrent des couronnes de chêne et de laurier aux quatorze divisions de la garde nationale, qui représentaient les quatorze armées. Une multitude immense mêlait ses acclamations enthousiastes aux chants civiques et aux salves d'artillerie.

L'Empereur, qui ne s'embarrassait pas pour peu de chose, ordonna d'insérer dans le calendrier, à la date du 15 août, un saint Napoléon, et fit célébrer annuellement sa fête. Les distributions de vivres y jouaient un rôle qu'une chanson du temps rappelle en ces termes assez naturalistes :

« Vive, vive Napoléon !
Qui nous baille
D' la volaille,
Du pain et du vin à foison,
Vive, vive Napoléon !

C'te fois-ci, c'n'est pas des ment'ries,
Les poulard's tombent tout' rôties,
Et tout le monde peut, la cruche en main,
A la fontain' puiser du vin !

Il imitait la monarchie légitime qui avait cherché à fonder une fête quasi-nationale. En 1618, Louis XIII avait obtenu du pape que la fête de Saint Louis, son ancêtre, fût chômée dans tout le royaume, et l'évêque de Paris en fixa la date au 25 août. Jusqu'à la Révolution, et sous la Restauration, ce fut la fête du Roi, solennisée par des cérémonies religieuses et des réjouissances de toutes sortes, feux de joie, feux d'artifice, fontaines de vin, distributions de victuailles.

Mais la fête parisienne par excellence, celle qui avait le don de remuer dans la population des souvenirs inconscients du paganisme, c'était la Saint-Jean. Le 22 juillet, on élevait au milieu de la place de Grève un énorme bûcher de quelques voies de bois, de cotrets, de bourrées, de bottes de paille, entremêlés de pétards et de fusées. Le tout était couronné par un panier contenant quelques douzaines de chats et même des renards, cousus plusieurs ensemble dans des sacs. C'était au Roi qu'était réservé l'honneur insigne d'allumer le feu, avec une torche de cire blanche que lui présentait le Prévôt des marchands. Louis XI, François Ier, Henri IV, Louis XIII, Louis XIV s'acquittèrent de ce devoir, rempli, quand ils en étaient empêchés, par le Gouverneur de Paris.

Les miaulements désespérés des chats, la fuite de ceux qui parvenaient à s'échapper à demi rôtis, excitaient l'allégresse de la foule. Une fois le brasier consumé, c'était à qui se précipiterait pour en enlever les charbons et les cendres, porte-bonheur infaillibles que chacun s'arrachait.

Le reste de la nuit se passait en danses joyeuses sur la place et dans les rues voisines, au bruit des détonations continuelles des pièces d'artifice.

Les derniers échos de quelques fêtes privées tout à fait

récentes résonnent encore à nos oreilles. Les grandes dames qui les ont données s'étaient évidemment efforcées de trouver l'introuvable, l'inédit, le pittoresque, qui, comme le superflu, est chose si nécessaire.

Au bal de Mme la princesse de Léon, l'on a vu des « entrées à grande sensation » : une bande de saltimbanques ayant à sa tête la comtesse d'Harambures, qui conduisait un ours, très soucieux de son incognito ; Mme de Sayne, en charmeuse de serpents, dans

FÊTES ET ILLUMINATIONS AUX CHAMPS-ÉLYSÉES (18 JUILLET 1790).

un palanquin, et le vicomte de Miramon en cuisinier Watteau; puis tout un groupe de masques de la comédie italienne.

Chez Mme la princesse de Sagan, habillée en Japonaise, à longue jupe de satin constellée de papillons multicolores, dîner costumé de quatre-vingt-six couverts suivi d'une réception où parut dans le jardin, éclairé *a giorno*, « une noce en 1791, » dont la mariée était la comtesse de Pracomtal, et le marié le marquis de Portes.

Combien tout cela pâlit devant la moindre fête de la Cour des Valois !

Dans un festin, au château de Chenonceaux — voyez d'ici le décor ! — Catherine de Médicis, cette mère de famille expérimentée, fit servir ses convives par « les plus belles et les plus honnestes » de ses demoiselles d'honneur, « les cheveux espars comme espousées. » Elle atteignit même les limites d'une fantaisie qu'il faut lui savoir gré de ne pas avoir dépassée !

Lorsque les ambassadeurs de Pologne vinrent à Paris, en 1573, offrir la couronne au jeune duc d'Anjou, depuis Henri III, ils étonnèrent d'abord les badauds parisiens par leurs cinquante chariots, traînés à six chevaux ; par leurs longues barbes, leurs bonnets de fourrure garnis de pierreries, leurs robes de drap d'or,

Écu du cardinal de Bourbon, roi de la Ligue.

leurs arcs, leurs cimeterres. On les logea chez le Prévôt de Paris, à l'hôtel d'Hercule, quai des Grands-Augustins [1].

La Ville de Paris, représentée alors par son prévôt des Marchands, Jean le Charron, leur fit présent d'un de ces chefs-d'œuvre d'orfèvrerie où excellaient toujours les artisans parisiens. C'était, cette fois, le dieu Mars, sur un chariot de vermeil tiré par deux chevaux blancs, orné de lauriers, de trophées, et d'essaims d'abeilles, le tout monté sur un pied ovale.

Dans l'après-midi du même jour mardi 15 septembre, la reine Catherine leur donna « un grand gala » dans son château neuf des Tuileries. La partie originale de la fête était « un Olympe » sur lequel était étagé l'escadron volant des demoiselles d'honneur,

1. Magnifique hôtel situé à l'angle du quai et de la rue des Augustin. Ce fut d'abord la demeure des comtes de Sancerre. Jean de la Driesche, Président en la Cour des comptes, trésorier de France, capitaine du Louvre, le reconstruisit sous le règne de Louis XI. L'hôtel dut son nouveau nom aux prouesses du héros grec, représentées dans les galeries et même sur les murs extérieurs. Il fut habité ensuite par le cardinal Duprat et ses héritiers, seigneurs de *Nantouillet*. C'est ce dernier nom que porta l'hôtel jusqu'à sa destruction, au XVIIe siècle.

figurant, par leurs costumes variés, les seize provinces de la France. Elles descendirent tour à tour des hauteurs de leurs montagnes pour exécuter les pas populaires du pays que chacune d'elles représentait : les Bretonnes, le *passe-pied* ; les Auvergnates, la *bourrée* ; les Provençales avec leurs cymbales, la *farandole* ; les Poitevines, avec leurs cornemuses, le *menuet* ; puis les danses bourguignonnes

PALAIS ABBATIAL DE SAINT-GERMAIN-DES-PRÉS (aujourd'hui en façade sur la rue de l'Abbaye).

et champenoises, avec le hautbois et le tambourin. Ces tableaux vivants excitèrent la profonde admiration des bons ambassadeurs « par des gestes pleins de grâce, des danses pleines de tours et de retours imprévus. »

C'est pour voir de telles fêtes que don Juan d'Autriche, au dire de Brantôme, aurait fait tout exprès le voyage de Flandre à Paris. Il arriva d'une seule traite, se glissa dans le Louvre, sous un déguisement, avec son ami Octavio de Gonzague, « vit danser toute la Cour, la contempla, et après s'en repartit ravy. »

On sait comment le duc d'Anjou s'évada de Pologne et revint

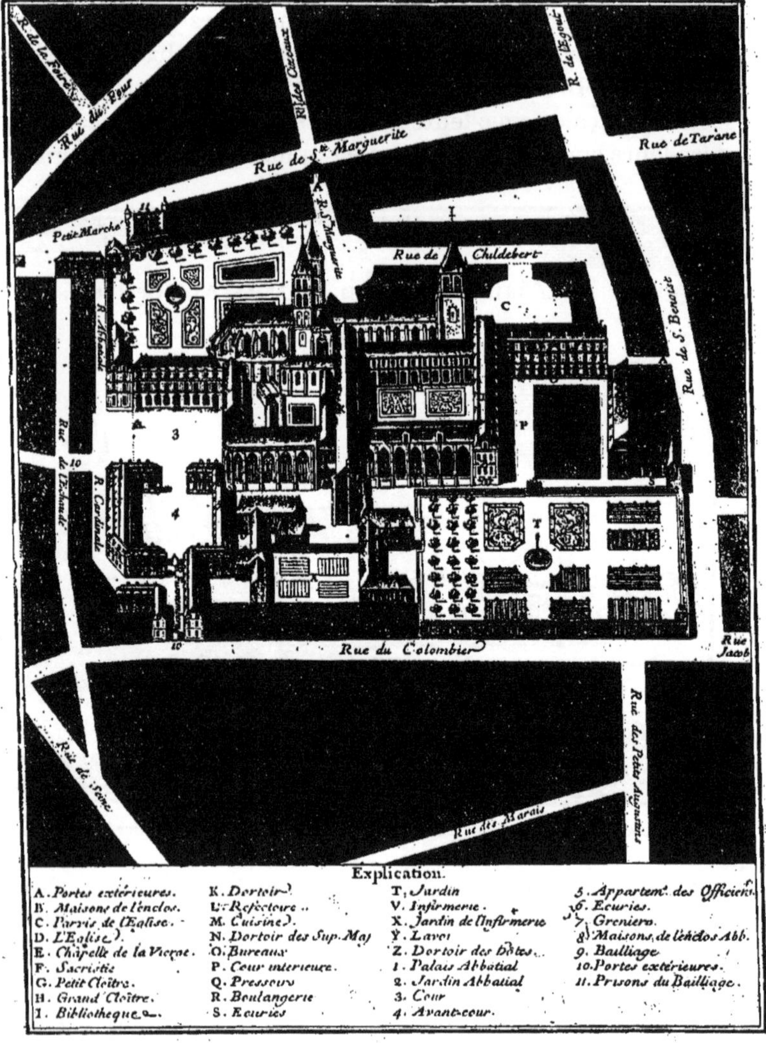

VUE SEPTENTRIONALE DE L'ABBAYE DE SAINT-GERMAIN-DES-PRÉS A LA FIN DU XVIe SIÈCLE.

à Paris pour succéder à son frère Charles IX, sous le nom de Henri III. Il avait épousé une princesse de la maison de Lorraine,

Louise de Vaudémont ; elle avait deux sœurs, Marguerite et Christine, qu'il maria en 1581 avec ses deux favoris, « ses deux enfants, » comme il les appelait, Joyeuse et La Valette, duc d'Épernon. Ce ne fut, pendant la fin de septembre et le commencement d'octobre, qu'une suite de festins, de tournois, de bals, de mascarades.

REPRÉSENTATION THÉATRALE AU LOUVRE d'après une gravure du *Bal et comique des noces de M. le duc de Joyeuse* (règne de Henri III).

Le cardinal de Bourbon invita toute la cour à un souper dans les jardins de son abbaye de Saint-Germain des Prés[1]. Toute une flottille avait été construite pour faire passer la Seine au Roi, à la Reine, aux mariés et aux autres invités, sur un bateau de triomphe remorqué par vingt-quatre gondoles, en forme de monstres marins, tritons, baleines, sirènes, saumons, dauphins, tortues. Plus de cinquante mille Parisiens s'étaient entassés sur les bords du fleuve pour admirer un spectacle si extraordinaire.

Le dimanche suivant, ce fut le tour de la reine Louise de Vaudémont de recevoir dans le Louvre. Après le repas, qu'elle donna dans la « salle d'en haut [2], » elle conduisit ses invités jus-

1. C'est à la magnificence de ce richissime cardinal-abbé — le roi Charles X de la Ligue — que nous devons le Palais abbatial, qui produit un si grand effet, quand on aperçoit de la rue Furstenberg sa façade brique et pierre, couronnée de neuf lucarnes à frontons alternativement cintrés et triangulaires, ses cheminées hardies, et le haut pavillon de l'Est, où un génie ailé montre encore les armoiries du fondateur.

2. La « salle d'en haut » est aujourd'hui *la salle La Caze*. C'est là que le duc de Mayenne réunit les États généraux en janvier 1593; c'est là que Louis XVIII, dans les dernières années de sa vie, ne pouvant plus sortir, tenait la séance d'ouverture de la Chambre des Députés et de la chambre des Pairs.

qu'à la grand'salle de l'hôtel de Bourbon [1] pour y assister au ballet de *Circé et de ses Nymphes*, composé par Baltazarini Beaujoyeux, « le plus beau ballet, le mieux ordonné et exécuté qu'aucun d'auparavant. » Un peu long, peut-être, car, commencé à dix heures du soir, il durait encore à trois heures et demie du matin, quand le roi se déclara exténué de fatigue, et donna le signal de la retraite.

L'âme de toutes ces magnificences était Marguerite de Valois.

UN BAL A LA COUR DE HENRI III. (Musée du Louvre)

J'ai plaisir à laisser Brantôme vous la présenter : « Un jour de Pâques fleuries, à Blois, alors qu'elle n'était encore que Madame, sœur du Roi, mais qu'on traitait déjà de son mariage, je la vis paraître en la procession, si belle, que rien au monde de plus beau n'eût su se faire voir. Son blanc visage ressemblait au ciel en sa plus grande sérénité. Son beau corps, avec sa riche et haute taille,

1. L'hôtel de Bourbon, barbouillé de jaune par la main du bourreau après la trahison du connétable, n'avait été démoli que partiellement. Il occupait, sur le quai de l'École, l'espace compris entre la rue des Poulies et la rue d'Autriche. La rue des Poulies, c'est actuellement la rue du Louvre. La rue d'Autriche, qui n'existe plus depuis la fin du XVIIe siècle, serait représentée par une ligne tirée, à travers la cour du Louvre, du chevet de l'Oratoire à la Seine, près le pont des Arts.

était vêtu d'une robe de drap d'or, présent du Grand Seigneur à notre ambassadeur. Une nabote eût crevé sous le faix d'une si riche et si pesante étoffe, mais elle, elle marchait à son rang, la figure découverte, moitié altière et moitié douce, pour ne pas priver le monde de sa radieuse lumière. »

Parvenu au trône, Henri III perdit tout respect humain, et, sûr de l'impunité, il ne craignait pas d'aller insulter ses sujets jusque dans leurs foyers. En 1577, Claude Marcel, riche orfèvre, ancien prévôt des marchands, surintendant des finances, maria l'une de ses filles au seigneur de Vicourt. La noce eut lieu à l'hôtel de Guise, et la reine-mère, la jeune reine Louise, la reine de Navarre, Marguerite, furent invitées au dîner. Dans la soirée, le roi s'y rendit, masqué lui-même, avec une trentaine d'hommes masqués, et une trentaine de dames masquées, tous et toutes vêtus de toiles d'argent enrichies de perles et de pierreries. Ils y apportèrent une telle confusion, que les convives les plus sages furent obligés de se retirer. « Le désordre et les vilenies furent au comble, ajoute le chroniqueur, qui n'ose s'exprimer plus clairement, et si les tapisseries et les murailles eussent pu parler, elles eussent certes dit beaucoup de belles choses ! »

VIII

LA QUESTION DES LOYERS AUJOURD'HUI ET SOUS SAINT LOUIS

De toutes les dettes qu'un ménage pauvre est amené fatalement à contracter, je n'en connais pas une qui ait des conséquences plus funestes que celle du loyer, et elle est malheureusement la plus fréquente.

L'ouvrier s'en acquitte difficilement. Gagnant à peine chaque jour ce qui lui est strictement nécessaire pour nourrir sa famille, il ne peut amasser une somme relativement considérable, et dont l'échéance lui paraît éloignée. Aussi y songe-t-il trop tard, et le papier timbré pleut chez lui : son misérable mobilier est vendu ; lui-même est expulsé et réduit à aller demeurer dans « un garni, » ou à échouer à l'asile de nuit. C'est l'irrémédiable déchéance, la désagrégation de la famille, l'abandon des enfants.

Le Conseil municipal de Paris a cherché à venir en aide aux familles les plus intéressantes, en votant à chaque trimestre des sommes considérables que les Maires sont chargés de distribuer.

Des économistes ont pensé que le remède consistait à taxer les logements destinés aux ouvriers et aux employés. Ils se rencontraient, peut-être sans le savoir, avec un saint roi et un Pape du moyen âge.

L'utopie d'aujourd'hui a été une réalité au XIIIe siècle.

De tous les points de la France et de l'Europe, les écoliers, Normands, Angevins, Poitevins, Bretons, Bourguignons, Picards, Anglais, Lombards, Romains, Germains; Orientaux même, affluent alors à l'Université de Paris. On en compte plusieurs milliers entassés sur la rive gauche, dans l'enceinte de Philippe Auguste, le *quartier Latin*.

Quand, avec leurs régents, ils vont acheter à la foire du Lendit leur provision de parchemin, la queue est encore aux Mathurins que la tête arrive déjà à l'orme de la plaine Saint-Denis.

Ils font vivre toute une population de libraires, écrivains, parcheminiers, enlumineurs, relieurs, messagers, qui exercent leurs industries autour de Saint-Séverin, rue Boutebrie, rue Fromentel, Grand'Rue Saint-Benoît, rue de la Harpe, rue des Notaires, rue de la Parcheminerie, etc.

TYPES D'ÉCOLIERS,
d'après un manuscrit du XIVe siècle. (Biblioth. nationale.)

Leurs principales écoles sont dans la rue du Fouarre, que des vandales viennent de massacrer. Hâtez-vous d'aller en voir les débris, en passant par le Pont-au-Double. Le sol descend du Port-aux-Tripes à la rue Galande. Là étaient les écoles des Quatre-Nations : à votre droite celle de France ; à votre gauche, celles de Normandie, d'Allemagne et de Picardie. La rue devait son nom à la paille (*feurre* ou *fouarre*) qui en jonchait le sol et celui des classes, car, selon les instructions du pape Urbain V, les écoliers étaient assis à terre, « pour écarter d'eux toute tentation d'orgueil. » Le maître seul, dans sa chaire élevée, avait un escabeau. A défaut d'horloge, les cloches voisines indiquaient les heures de la journée : en hiver, à cinq heures, la messe de Saint-Julien-le-Pauvre annonçait l'ouverture des classes, à peine éclairées par quelques chandelles ; puis, à six heures, on entendait sonner prime à Notre-Dame ou aux Carmes, puis tierce, puis none, puis vêpres.

Dante, exilé, y assista aux leçons de Siger de Brabant, et y soutint, à l'admiration générale, devant quatorze champions qui le harcelaient de questions subtiles et variées, une véritable thèse *de omni re scibili*.

Les grands Capétiens, Philippe Auguste, saint Louis, Philippe le Bel, comprirent qu'il fallait protéger et combler de privilèges cette Université qui amenait les trésors du monde dans leur capitale, et qui en faisait déjà le centre intellectuel de l'Europe.

La grosse difficulté qui se présenta d'abord fut de loger d'aussi nombreux étudiants et de les défendre contre la rapacité des propriétaires. Un règlement ayant rendu insaisissable le misérable mobilier de l'écolier, les bourgeois exigèrent leurs loyers d'avance, tout comme le font leurs descendants d'aujourd'hui.

ÉTUDIANTS ÉCRIVANT SUR DES PUPITRES, d'après une gravure de la *Mer des histoires*.

Le roi saint Louis et le pape Innocent IV s'entendirent pour établir une taxe des loyers.

Des commissaires furent chargés de visiter consciencieusement les maisons mises en location, et d'en fixer le prix pour chaque année. C'est ainsi que :

La maison de maître Remy, rue Sainte-Geneviève, ayant douze chambres, un bon cellier et une petite cuisine, fut taxée à 10 livres par an ;

La maison de Guillaume de Saint-Cyr, rue Serpente, avec un petit pré et un cellier, sans les étables, 18 livres ;

La maison de dame Agathe la maréchale, rue Saint-Jacques, 10 livres ; etc., etc.

Mais l'usage de la taxe fut bientôt jugé insuffisant, et ce fut à qui, prélats, grands seigneurs, simples bourgeois, simples prêtres, veuves pieuses, rivaliserait de générosité pour fonder des collèges où la jeunesse studieuse trouverait un asile sûr.

Une trentaine furent ouverts dans le treizième siècle, et une vingtaine dans le quatorzième. Par malheur, les fondateurs ne surent presque jamais calculer les ressources nécessaires au principal, au procureur, au chapelain, aux boursiers, et ces derniers, faute de revenus suffisants, étaient obligés, si invraisemblable que cela puisse paraître, de mendier par la ville. Les bâtiments tombaient en ruine, et rien n'égalait la misère de leurs hôtes.

Au collège de Léon, les écoliers, pour se chauffer, brûlèrent la charpente de leur toit, et, pour vivre, vendirent les tuiles de leur maison.

On s'est amusé du bibliothécaire qui chasse les lecteurs de *sa* bibliothèque. Au milieu du dix-septième siècle, beaucoup de principaux étaient parvenus à résoudre le problème de renvoyer peu à peu les professeurs et les élèves. Grâce à cette ingénieuse combinaison, ils louaient les bâtiments, et s'en faisaient un joli revenu. En 1763, Cornouailles et Tréguier ne comptaient plus que trois boursiers ; Narbonne, pas un. Au collège de Justice, le principal admettait des locataires de toutes professions, pourvu qu'ils lui payassent un bon loyer.

Au collège de Reims, le principal vivait en bon bourgeois avec sa mère et un domestique ; d'élèves il n'y en avait plus trace ! Au collège de Chanac, le principal, M. Adorateur de Vault, s'était approprié la plus belle partie des bâtiments ainsi que le jardin, louait le reste de la maison, ne rendait jamais de comptes et envoyait les boursiers..... se loger où ils pouvaient.

Dans ceux de ces collèges où il y avait des élèves et des classes, les désordres les plus scandaleux éclataient fréquemment, occasionnés par les vieux boursiers — étudiants de trentième année, — fruits secs qui n'ayant pu se frayer une carrière, si humble qu'elle fût, avaient trouvé tous les mauvais prétextes pour s'attacher aux murs, comme le limaçon à sa coquille. Ils étaient les ennemis nés de toute règle, et corrompaient « les nouveaux. »

Les statuts qui nous ont été conservés montrent, par la fréquence de singulières prescriptions, à quel degré le mal était arrivé : « Défense aux écoliers de s'enivrer ; de tricher au jeu ; de voler, de fréquenter les cabarets, de s'échapper la nuit, d'introduire des soldats dans le collège, d'y apporter des armes, » etc., etc.

Le principal du collège de Beauvais, Me Grangier, raconte que les boursiers renvoyés, « les vaunéants, » se réunissaient le soir pour voler des manteaux et des chapeaux, « dont ils faisoient argent pour fripenneries. »

Quarante ans plus tard, au même collège de Beauvais, sous le principalat d'Antoine Moreau, quatre boursiers, pendant le repas du soir, troublent le lecteur par des chants tout à fait étrangers à la *Vie des Saints*. Toute la nuit, ils sont maîtres de la place, rossent le portier, tirent des coups de pistolet, sonnent la cloche, brûlent tout ce qui tombe sous leurs mains, et ne se retirent, au petit jour, qu'en voyant arriver « le sieur Hiérosme Daminoire, commissaire enquesteur au Chastelet, » chargé de verbaliser contre eux.

On voit combien peu avait réussi la tentative de réunir les écoliers dans des collèges ou internats.

Au reste, la cherté des loyers ne pesait pas seulement sur les écoliers, mais sur le peuple entier ; elle causa une émeute déplorable vers la fin du règne de Philippe le Bel, en 1306.

On accusait certains bourgeois de Paris, excités par les conseils d'Étienne Barbette, ancien prévôt des marchands, de s'entendre pour élever le prix de louage de maisons occupées par le menu peuple : épiciers, foulons, couturiers, pelletiers, tanneurs, cordonniers, tisserands et taverniers. Ces hommes, désespérés, se concertèrent, et, le jeudi avant l'Épiphanie ils assaillirent la Courtille-Barbette, située rue Vieille-du-Temple, hors les murs, près la poterne de ce nom [1].

Après avoir tout saccagé, jusqu'aux arbres du jardin, qu'ils arrachèrent, ils se rendirent rue Saint-Martin, à la maison de ville d'Étienne Barbette, et la pillèrent également, brisant les meubles,

1. La poterne Barbette faisait partie de l'enceinte de Philippe Auguste, et était située entre les numéros 59 et 61 de la rue Vieille-du-Temple.

répandant le vin, « les plumes des coustes et des oreliers jetées contre le vent. » Leur fureur croissant avec l'impunité, ils allèrent assiéger le Roi dans le Temple, et jetèrent dans la boue, puis foulèrent aux pieds les viandes que l'on apportait pour le Roi. Arrivés à ce degré d'audace où l'on ne peut plus espérer le pardon, où l'on meurt si l'on ne tue, ils écoutèrent « les souefves paroles et blandissements » du Prévôt de Paris, Firmin de Coquerel, et, subitement apaisés, ils s'en retournèrent tranquillement en leurs maisons.

Ce qui devait arriver arriva. Vingt-huit de ces pauvres diables furent pris le lendemain, et pendus aux quatre ormes des quatre entrées de la ville : sept, à la porte Saint-Denis ; sept, à la porte Saint-Antoine ; six, à la porte Saint-Honoré, et huit, à la porte Saint-Jacques [1].

Ces malheureux n'avaient fait couler le sang de personne, et s'étaient laissé gagner par « les souefves paroles » du Prévôt. Ils payèrent pour tous, et « le menu peuple de Paris pleura sur eux en grant douleur. »

1. La scène se passe en 1306. Il s'agit par conséquent de l'enceinte de Philippe Auguste. La porte *Saint-Denis* était alors rue Saint-Denis, à l'angle de l'impasse des Peintres ; — la porte *Saint-Antoine*, ou porte *Baudet*, *Baudoyer*, rue Saint-Antoine, où est maintenant l'entrée du lycée Charlemagne ; — la porte *Saint-Honoré*, rue Saint-Honoré, à l'endroit où aboutit la rue de l'Oratoire ; — la porte *Saint-Jacques*, rue Saint-Jacques, à l'angle sud de la rue Soufflot. — Ce sont bien là les quatre entrées principales, les quatre portes de la *croisée* de Paris. La plantation d'arbres verts *dans le voisinage des portes* paraît avoir été en usage à Paris. Outre les quatre ormes mentionnés par Guillaume de Nangis, un autre chroniqueur, Guillebert de Metz, parle « d'ung moult grant arbre de pommes de pin, » situé à la porte Saint-Victor.

Philippe le Bel s'était senti atteint ; il se complut à assouvir sa vengeance. Pour frapper les esprits de terreur, les corps de ses victimes furent un peu après « désourmés, remués et ostés, et en gibets nouveaux, en chascune entrée de Paris, derechief pendus tous morts. » Il défendit les rassemblements de plus de cinq personnes, et supprima même pour quelque temps les différentes confréries de la capitale.

IX

VOIES NOUVELLES ET VOIES ANCIENNES. DU LOUVRE A LA RUE DE LA FERRONNERIE

Quand vous passerez sur le boulevard Saint-Germain, jetez les yeux à droite et à gauche, vers la rue Saint-Jacques, qui, au sud, escalade la montagne Sainte-Geneviève, et, au nord, descend jusqu'à la Seine, à l'endroit où fut le Petit-Châtelet et où est encore le Petit-Pont. Vous saisirez, sur le vif, les phases du développement de Paris dans les dix-neuf siècles de son histoire.

En effet, cette doyenne de nos rues offre des échantillons de toutes les largeurs qui ont répondu aux besoins de la circulation à chaque époque. Sur la plus grande partie de son long parcours, elle est restée la voie romaine, de quinze à dix-huit pieds de large, qui conduisait à Orléans, et qui paraissait suffisante aux contemporains de l'empereur Julien, des Mérovingiens et des premiers Capétiens. C'est dans cet étranglement que roule aujourd'hui l'omnibus, à la grande terreur du passant aplati au mur.

Henri IV, Louis XIII, Louis XIV voulaient que « les rues s'embellissent et s'élargissent au mieux que faire se pourrait ; » la rue Saint-Jacques, grâce à eux, atteignit vingt-deux pieds en quelques points. Des décrets de l'an IX, de 1836, de 1855, exécutés partiellement, ont fixé sa moindre largeur à 10, puis à 12, puis à 16, et enfin à 20 mètres. Cette dernière mesure semble sa taille définitive, s'il y a au monde quelque chose de définitif.

Bonaparte, premier consul, avait-il lu ces quelques lignes de

Voltaire : « Nos quais superbes, le Louvre, les Tuileries, les Champs-Élysées, égalent ou surpassent les beautés de l'ancienne Rome, tandis que le centre de la ville, obscur, resserré, hideux, représente le temps de la plus honteuse barbarie? » Toujours est-il qu'en 1802 il eut la pensée hardie de relier ce « centre hideux » aux Champs-Élysées. A travers les terrains du Manège, les jardins des Feuillants, des Capucins et des Religieuses de l'Assomption, il perça la rue de Rivoli, bordée du côté droit par une majestueuse rangée de maisons à arcades

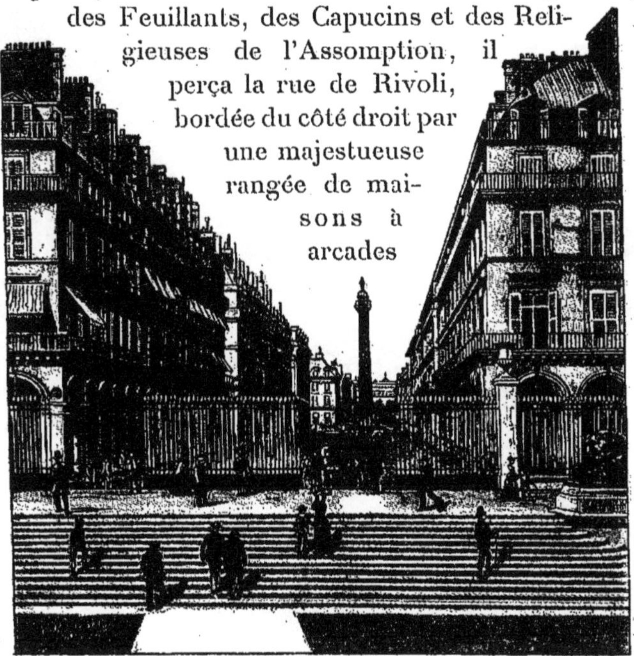

Rue de Castiglione.

— souvenir des villes italiennes, — et, du côté gauche, par la grille à lances dorées qui remplaça le vieux mur délabré et les charmilles de la terrasse des Feuillants.

A lui sont dues également les rues de Castiglione et de la Paix, et la beauté magistrale de ces trois voies est telle, qu'au milieu des splendeurs nouvelles qui les entourent maintenant, elles n'ont en rien vieilli.

Napoléon III, jaloux de marcher sur les traces de son oncle,

et inspiré autant que secondé par M. Haussmann, conçut le projet trop coûteux, et surtout trop hâtif, de transformer Paris partout à la fois. La rue de Rivoli fut prolongée jusqu'à la rue Saint-Antoine. Douze avenues rayonnèrent autour de l'Arc de l'Étoile; l'avenue de l'Opéra, les boulevards Saint-Germain, Saint-Michel, de Sébastopol — triomphe de la ligne droite — furent

RUE DE RIVOLI, A L'ANGLE DE LA RUE DES TUILERIES.

ouverts, chacun sur trente mètres de large. Si les préoccupations stratégiques de l'Empereur y trouvaient leur compte[1], il faut avouer aussi qu'il était devenu absolument indispensable de créer

1. « Vous n'avez pas seulement voulu embellir Paris, quand vous avez entrepris, sous l'influence d'une auguste pensée, l'ouverture de larges voies de communication... Vous avez été frappés surtout de la nécessité de mettre la capitale à l'abri des tentatives des fauteurs de troubles qui, encouragés par une étude savante des vieux quartiers, transformaient le centre de Paris et diverses parties des faubourgs en autant de citadelles périodiquement fortifiées par l'émeute... Ménager, aux forces militaires, un accès facile sur les points dangereux, telle a été votre première préoccupation. »

(*Discours* du baron Haussmann devant la Commission municipale.)

Rue Grenier-sur-l'Eau.

de vastes débouchés à une ville qui compte plus de dix mille voitures publiques; où soixante-quinze mille voitures passent, en vingt-quatre heures, à l'angle de la rue de Rivoli et de la rue du Louvre; où les omnibus et les tramways transportent annuellement plus de cent millions de voyageurs, et où les chemins de fer en amènent trente et un millions !

Quel contraste entre nos avenues, nos boulevards ensoleillés, et le fouillis inextricable de rues, de cours, de ruelles, passages, culs-de-sac, allées, échoppes de planches ou de plâtras, qui s'étendait du Grand-Châtelet à la Porte-aux-Peintres, de la Croix-du-Trahoir à la Grève; écheveau à peine débrouillé par les trois grandes artères de Saint-Honoré, « où demeurent les drapiers ; » de Saint-Denis, « où demeurent espiciers, apothicaires et selliers ; » de Saint-Martin, « où demeurent les ouvriers d'airain. »

Cette rue Saint-Martin avait au moins le mérite d'être droite, parce qu'elle n'était autre que l'ancienne voie romaine du Nord-Est, qui, de la Seine, conduisait à Soissons par Gonesse, Louvre et Senlis.

RUE DES CHANTRES, VERS NOTRE-DAME.

La rue Saint-Jacques était la voie romaine du Sud, qui, de la Seine, conduisait à Orléans, par Bourg-la-Reine, Montlhéry, Châtre, Etampes ; juste assez large, dans ses dix-huit pieds, pour laisser croiser deux chars dont les essieux n'excédaient pas chacun un mètre trente-cinq, comme on peut s'en convaincre par l'examen des ornières que les roues ont tracées dans le pavé de Pompéi.

Avec les rues Saint-Denis, Montmartre, Saint-Honoré et Saint-Antoine, elles étaient à peu près les seules praticables aux charrettes ; le gros du peuple allant à pied, les seigneurs à cheval, les médecins et les magistrats sur leurs mules, les dames en litière.

Dans toutes, le ruisseau infect coulait au milieu jusqu'à l'égout béant[1] ; des bornes protégeaient le bas des murs. Montueuses, tortueuses, fangeuses, semées d'obstacles, ces rues, avec leurs maisons à pignons, leurs escaliers en saillie, leurs énormes

1. De là les expressions : « prendre, ou céder, *le haut du pavé* », la place la moins mauvaise de la rue, puisque le ruisseau en occupait le milieu.

enseignes, leurs tourelles d'angles, étaient égayées par l'imprévu de leurs sinuosités, les oppositions d'ombre et de lumière, les échappées inattendues par lesquelles on aperçoit la flèche aiguë d'une église, ou le parvis étroit qui fait paraître la cathédrale plus haute. C'est de la place Maubert qu'il faut voir le portail sud de Notre-Dame, et du haut de la rue de Cluny les tours de Notre-Dame et le clocher de la Sainte-Chapelle.

> Mais, sitôt que du soir les ombres pacifiques
> D'un double cadenas font fermer les boutiques;
> Que, retiré chez lui, le paisible marchand
> Va revoir ses billets et compter son argent;
> Que dans le *Marché-Neuf* tout est calme et tranquille[1],
> Les voleurs à l'instant s'emparent de la ville.
> Le bois le plus funeste et le moins fréquenté
> Est, au prix de Paris, un lieu de sûreté.

L'éclairage était nul : au Châtelet, le greffier laissait, toute la nuit, une chandelle allumée à la porte du tribunal; dans quelques carrefours une lampe brûlait devant la niche d'une statue de la Vierge; et ce fut tout, jusqu'au temps de Charles VII où il est question de *lanterniers*.

Il est vrai qu'il y avait le Guet Royal; mais il était de tradition que c'étaient les voleurs qui rossaient ses rares patrouilles. Pour éviter un tel affront, le chevalier du Guet Messire Gauthier Rallard ne se hasardait à sortir, le soir, du Châtelet, que précédé de quatre ou cinq ménétriers, « chose moult étrange, car il sembloit dire aux malfaiteurs : — Fuyez-vous-en; je viens! »

L'étroitesse des rues, leur encombrement, leur manque d'entretien, ont été les causes premières ou secondes de plusieurs accidents mentionnés dans l'histoire de Paris.

Quand le comte Leudaste, blessé grièvement, tout couvert de sang, chercha à échapper aux gardes de la reine Frédégonde, il s'engagea sur le Petit-Pont. Son pied glissa entre deux ais pourris de vétusté; il eut la jambe cassée, fut pris, jeté dans la prison de Glaucin[2], et abominablement massacré, quelques jours après, à coups de barre de fer sur la gorge.

1. Le *Marché-Neuf*, sur le quai méridional de la cité, entre le pont Saint-Michel et le Petit-Pont.

2. Prison d'origine romaine, près du quai, sur l'emplacement où a été le magasin de la *Belle Jardinière*, et où est actuellement le nouvel *Hôtel-Dieu*.

Assassinat d'Henri IV, rue de la Ferronnerie,
d'après une gravure flamande du XVIIe siècle.

Le jeune prince Philippe, fils aîné de Louis le Gros, passait à cheval près du Monceau Saint-Gervais[1]; l'un des porcs errant librement dans les rues, effraya le cheval qui se cabra et renversa son cavalier. Le prince mourut dans la nuit, des suites de cette chute, et il n'y eut plus dès lors que les religieux du Petit-Saint-Antoine[2] qui conservèrent le singulier privilège de laisser vaguer sur la voie publique douze cochons, sonnette au cou.

Enfin Henri II avait ordonné, par des lettres du 14 mai 1554, de démolir les échoppes de quincailliers qui obstruaient la rue de la Ferronnerie, du côté du cimetière des Inno-

1. La légère éminence sur laquelle s'élève l'église Saint-Gervais.

2. Le *Petit-Saint-Antoine*, commanderie de l'Ordre de Malte située entre la rue de ce nom et la rue du Roi-de-Sicile. On vit longtemps suspendu aux voûtes de la nef de cette église un crocodile dont les Vénitiens avaient fait présent à Pierre de la Vernade, à la suite de son ambassade en 1515. Il faisait une telle peur aux fidèles, qu'on le déplaça, et on le relégua dans une des cours de la communauté.

cents. Si le roi eût été obéi, Ravaillac n'aurait pas trouvé, cinquante-six ans plus tard, jour pour jour, le 14 mai 1610, des moyens aussi faciles pour commettre son crime.

On sait, en effet, que l'énorme carrosse d'Henri IV fut arrêté, devant les échoppes, par l'embarras d'un chariot de vin et d'une charrette de foin. Ses valets de pied, afin de passer plus vite, prirent par le cimetière pour arriver rue Saint-Denis avant le reste du cortège, et l'assassin, placé près de la boutique du *Cœur couronné d'une flèche*, dans l'endroit le plus rétréci de la rue, profita de ce moment pour poignarder le roi.

Ce n'est qu'en 1669 que Louis XIV fit exécuter les prescriptions d'Henri II. Les malencontreuses échoppes furent supprimées, et le chapitre de Saint-Germain-l'Auxerrois, propriétaire de ce côté de la rue, fit construire à leur place l'immense bâtiment dont on remarque encore aujourd'hui la symétrie, et qui s'étend de la rue Saint-Denis à la rue de la Lingerie, sur une longueur de cent quatorze mètres [1].

Henri IV était sorti du Louvre pour aller à l'Arsenal voir Sully indisposé. Ce serait, de nos jours, en suivant la rivière, une promenade d'un bon quart d'heure ; mais les quais étaient bien loin alors d'être partout carrossables, et il n'y avait pas même de quais partout. C'était donc un vrai voyage qu'il fallait accomplir à travers l'enchevêtrement de la rue Saint-Honoré, de la Croix-du-Trahoir, des rues de la Ferronnerie, des Lombards, de la Verrerie, du Marché-Saint-Jean, Saint-Antoine, Saint-Paul et du quai des Célestins.

Le malheureux prince ne dépassa pas la rue de la Ferronnerie.

1. C'est la plus grande maison de Paris ; encore a-t-elle été diminuée, en 1881, à l'angle de la rue de la Lingerie. Le bâtiment est double en profondeur, et, du côté du square, sur la rue des Innocents, les boutiques ne sont autres que les anciens charniers du cimetière, encore très reconnaissables pour les curieux qui viendront y regarder de près.

X

FORTIFICATIONS D'HIER ET DE DEMAIN

Le maréchal Soult, l'un des auteurs responsables de l'enceinte continue qui, depuis 1841, étrangle Paris, disait : « Comme militaire, je ne la crois pas nécessaire à la défense de la capitale. » Plusieurs de ses successeurs au ministère de la Guerre, les généraux Thibaudin, Campenon, Boulanger, se sont montrés partisans sans phrases de sa suppression.

Elle nuit tellement à la crue perpétuelle de Paris ; elle stérilise, avec sa zone réservée, une telle superficie de terrain, qu'il ne se passe pas d'année sans que surgissent d'ingénieux projets, en vue de sa désaffectation totale ou au moins partielle.

Dans la nuit d'angoisse du 30 mars 1814, Napoléon, apprenant brusquement la capitulation de Paris, s'était écrié : « Mon armée est à trois jours de marche ; si je l'avais là, sous la main, tout serait sauvé ! » Ces trois jours de grâce, que le sort avait refusés à l'Empereur, M. Thiers, qui joua toujours à l'homme de guerre, voulut les assurer, et au delà, à la monarchie de Juillet. Il vécut assez vieux pour voir la vanité de ses prétentions : l'annexion de l'ancienne banlieue en 1860 ; des quartiers, à peine éclos, enjambant muraille, bastions, fossés, et envahissant ce qui fut la campagne ; l'impuissance de ses forts détachés à défendre Paris, et les horreurs du bombardement de la rive gauche par une armée allemande.

Pour comble d'ironie, ce fut lui, le même qui avait juré que les forts ne serviraient jamais contre Paris, qui fut amené à envoyer des obus français, du Mont-Valérien, sur l'Arc-de-Triomphe et sur la place de la Concorde !

L'enceinte continue de 1840 a perdu toute importance. Quand la guerre éclatera, si nous la laissons arriver jusqu'à nos portes ce seront les forts de Saint-Cyr, de Cormeil, d'Écouen, de Vaujours, de Villeneuve, de Palaiseau, qui en supporteront tout le poids, et c'est le cas de dire : « Qui vivra verra ! »

La solution qui s'impose dès à présent, consiste à supprimer les remparts actuels, et à relier nos anciens forts par un chemin de ronde, qui serait, jusqu'à nouvel ordre, une limite d'octroi et une satisfaction donnée à ceux qui croient encore une enceinte continue indispensable.

Au moment où tout annonce cette transformation prochaine, cherchons comment « la puissante ville a fait craquer successivement ses cinq ou six ceintures, ainsi qu'un enfant qui grandit et qui crève ses vêtements de l'an passé. »

Le fait de guerre le plus ancien de l'histoire de Paris est la bataille livrée aux Romains, dans la plaine de Grenelle, par Camulogène, au mois de mai de l'an 51 av. J.-C. Dans le récit que nous en a laissé Labiénus, il n'est question d'aucun retranchement élevé par les Gaulois. Lutèce a la Seine pour fossé. Quand Camulogène craint d'y être forcé, il a recours aux moyens héroïques : il coupe les ponts et brûle les habitations, comme le fera, dix-huit cents ans plus tard, Rostopchin, dans la ville de *Mockba*, que nous nous obstinons à appeler *Moscou*.

Les Romains, maîtres de la Gaule, entourèrent l'île de Lutèce d'un mur, dont des fouilles récentes ont fait retrouver les restes. Il protégeait le temple de Jupiter, à l'est ; le Palais, à l'ouest ; le Forum et la prison de Glaucin, au centre.

C'est contre cette enceinte gallo-romaine, réparée par Charles le Chauve, que vinrent se heurter les Normands. Ils pillèrent les faubourgs, mais ils ne purent entamer la Cité, défendue par un peuple vaillant et par deux chefs hardis, le duc Eudes et l'évêque Gozlin.

Le moine Abbon nous a raconté ces combats homériques, où les héros s'injuriaient comme ceux de l'*Iliade* : « Les flots vous

La Samaritaine. Saint-Jean-en-Grève. Hôtel de Ville. Saint-Jacques-la-Boucherie. Sainte-Chapelle. Notre-Dame. Tour du coin défendant l'entrée de la rivière. Porte et muraille de Philippe Auguste.

Vue de la Tour de Nesle, du Pont-Neuf et de la pointe de la Cité sous le règne de Louis XIII.

feront repousser des chevelures mieux soignées ! » crient les Parisiens aux Danois qui se tordent dans le fleuve... Les dieux d'Odin planaient au-dessus des Normands, mais les Chrétiens voyaient clairement, dans les nues, les patrons de Paris, saint Denis et sainte Geneviève, qui leur assuraient la victoire. Il n'y a que la Foi qui sauve !

Le siège de 886 se termina par une terrible castatrophe. Le Petit-Pont fut emporté par les eaux, et les douze guerriers francs enfermés dans la tour de la rive gauche, isolés de la Cité, périrent jusqu'au dernier, après avoir résisté, un jour et une nuit, à tous les assauts des Barbares. Une inscription, placée sur le mur de l'ancien Hôtel-Dieu, rappelle les noms des douze héros parisiens [1].

Paris, depuis Hugues Capet, n'avait cessé de grandir : il débordait sur ses deux rives, montrant à l'Europe étonnée ses églises, ses hôtels, ses ponts chargés de maisons, ses abbayes, ses collèges, ses écoles. Il était déjà « l'enclume des renommées, la ville des philosophes, la cité sans pair, » le séjour des rois et du Parlement.

Avant de partir pour la troisième croisade, Philippe Auguste ordonna aux bourgeois d'enclore la capitale d'une bonne muraille flanquée de tours. Il fallut trente ans pour achever cette chaîne circulaire, dont les traces se retrouvent encore partout.

Elle commençait, sur la rive droite, à la Seine, près de la rue des Jardins-Saint-Paul, coupait les rues Saint-Antoine, Vieille-du-Temple, du Chaume, du Temple, Beaubourg, Saint-Martin, Saint-Denis, Montorgueil, Montmartre, Coquillière, Saint-Honoré, près de laquelle elle rejoignait le château du Louvre.

Sur la rive gauche, elle partait de la tour de Nesle, et les rues Mazarine, de l'Ancienne-Comédie, des Fossés-Monsieur-le-Prince, de l'Estrapade, des Fossés-Saint-Victor, des Fossés-Saint-Bernard

1. Les voici :

Ermenfroi	Hervi	Hardré
Hervé	Arnaud	Guy
Herland	Seuil	Aimard
Ouacre	Jobert	Gossouin

Six de ces noms, glorieux entre tous, se rencontrent encore fréquemment parmi nous, après dix siècles écoulés : Hervé, Arnaud, Jobert, Guy, Aimard et Gossouin.

Je ne songe ici à aucune descendance ; je ne remarque que la persistance de ces vieux noms dans notre langue.

indiquent sa direction jusqu'à la Seine, auprès du pont de la Tournelle. Le fragment le mieux conservé de la muraille se voit sur la rive gauche, dans la rue Clovis, en face de l'ancien collège des Écossais.

Le prodigieux accroissement des faubourgs, au nord de la ville, rendit bientôt l'enceinte de Philippe Auguste inutile.

Après la bataille de Poitiers, Étienne Marcel, pour protéger

Quai Malaquais. Pont Barbier. Pompe à eau. Porte du Bois. Petite Galerie. Pavillon du roi. Une des dern. tours du Louvre de Philippe Auguste.

VUE DU COURS DE LA SEINE, PRISE DU PONT-NEUF, VERS 1650.

l'église Saint-Paul, les Célestins, la Culture Sainte-Catherine, le Temple, le Prieuré Saint-Martin, les Filles-Dieu, Saint-Sauveur, l'hôtel de Flandre, Saint-Honoré, les Quinze-Vingts, les hôtels d'Angennes et d'Armagnac, contre une agression possible des Anglais, éleva une muraille, flanquée de tours carrées, qui commençait au bassin de l'Arsenal, suivait le tracé de nos Grands Boulevards jusqu'à la porte Saint-Denis, et de là obliquait vers la rivière, en suivant la direction actuelle de la rue d'Aboukir, de la place des Victoires, du Palais-Royal et du Carrousel. « Ce fut, dit Froissard dans un moment de franchise, le plus grand bien qu'oncques fist prévost des marchands, car autrement la ville eût été depuis gâtée et robée moult de fois. »

Charles V et son prévôt Hugues Aubriot complétèrent l'œuvre

de Marcel par la construction de la Bastille, qui fut la citadelle de Paris à l'Est, comme l'était le Louvre à l'Ouest.

De François Ier à Louis XIV, la ville atteignit peu à peu, sur la rive droite, la limite des Grands Boulevards, depuis la porte Saint-Denis jusqu'à la rue Royale. Elle atteignit, sur la rive gauche, la limite des boulevards de l'Hôpital, du Mont-Parnasse et des Invalides.

De Louis XIV à Louis XV, elle ne fut plus entourée que de

Barrière de la Conférence.
Cette gravure représente l'entrée du roi Louis XVI à Paris, escorté par la garde nationale (17 juillet 1789).

boulevards ; mais, en 1783, les Fermiers généraux obtinrent de l'enfermer dans « ce misérable mur de boue et de crachat, » qui n'avait d'autre but que d'assujettir la population à payer les droits d'entrée, aux cinquante-cinq barrières cyclopéennes, élevées sur les dessins de Ledoux. Le mur « murant Paris » ne fut démoli qu'en 1860, lors de l'annexion des communes suburbaines.

Si vous désirez vous rendre compte de cette extension de la petite Lutèce, devenue l'immense Paris, veuillez m'accompagner dans trois promenades du centre à la périphérie :

Montons ensemble la rue Saint-Denis et nous croiserons, à l'impasse des Peintres, la première enceinte, celle de Philippe Auguste ; au Boulevard, la seconde, celle de Charles V ; à l'ancienne barrière Saint-Denis, la troisième, celle de Louis XVI ; et, à la porte de la Chapelle, les Fortifications, dues à M. Thiers.

Montons la rue Saint-Antoine, et nous rencontrerons, au lycée Charlemagne, l'enceinte de Philippe Auguste ; à la place de la Bastille, celle de Charles V ; à l'ancienne barrière du Trône, celle de Louis XVI, et, à la porte de Vincennes, les Fortifications.

Montons la rue Saint-Honoré, et nous rencontrerons, à l'Oratoire, la première porte Saint-Honoré (enceinte de Philippe Auguste) ; à la place du Théâtre-Français, la deuxième porte Saint-

ANCIENNE ROTONDE DE LA BARRIÈRE DE REUILLY.

Honoré (enceinte de Charles V) ; à la rue Royale, la troisième porte Saint-Honoré (enceinte de Louis XIII) ; à l'ancienne barrière du Roule, l'enceinte de Louis XVI, et, à la porte des Ternes, les Fortifications.

Ces notes topographiques peuvent servir à préciser quelques faits de notre histoire.

Lorsque Jeanne Darc tenta d'emporter Paris d'assaut, le 8 septembre 1429, jour de la Nativité de la Vierge (ce qui lui fut rudement reproché par ses abominables juges, et surtout par Thomas de Courcelles et Nicolas Midi), c'est la seconde porte Saint-Honoré, située place du Théâtre-Français, qu'elle attaqua vainement ; c'est là qu'elle fut blessée par un archer anglais ; c'est de là que les siens durent l'arracher quand le soir fut venu.

Pendant la nuit du 10 septembre 1590, les troupes de Henri IV cherchèrent à escalader la muraille de Philippe Auguste, sur l'emplacement de la rue Soufflot. Ils avaient compté sans le voisinage des jésuites du collège de Clermont, qui, avec leurs écoliers et quelques bourgeois du voisinage, entre autres l'avocat Balesdens et le libraire Nicolas Nivelle, accoururent au bruit,

ANCIEN BUREAU D'OCTROI DE LA VILLETTE, ÉTAT ACTUEL.

renversèrent les échelles déjà dressées, et firent échouer l'entreprise.

Dans le joli plan de Pigafetta, représentant Paris assiégé par Henri IV, en 1590, le graveur a indiqué la batterie qui, de la butte Montmartre, canonnait la ville. Entre plus de cent boulets de fer qui firent, en somme, plus de bruit que de mal, l'un d'eux tomba à l'hôpital Saint-Jacques, rue Saint-Denis, sur un lit inoccupé, au milieu d'une salle remplie de malades ; un autre enleva les deux jambes au président Rebours, dans l'hôtel de Mesmes, rue Sainte-Avoie [1].

1. La rue Sainte-Avoie se confond aujourd'hui avec la rue du Temple, et l'hôtel de Mesmes, devenu l'hôtel Saint-Aignan, se voit encore, à gauche après la rue de Rambuteau.

Un autre boulet entra rue Tirechape, dans la chambre « où gisait en son lict, malade, maistre

Ces boulets avaient parcouru un peu plus de 2,000 mètres. Aujourd'hui, un canon fin de siècle, placé à cette même butte, enverrait, par-dessus Paris, ses projectiles au delà d'Arcueil, c'est-à-dire à quelque 8,000 mètres.

Raphaël Gaillandon, avocat en la cour de Parlement, avec six enfants et sa famille ; rompit une quenouille du lict, et s'admortit sans offenser personne. Ce dont ledict Gaillandon rendit grâces à Dieu, et, pour mémoire, dressa une inscription latine et élégante, à la forme ancienne, représentant l'estat et extrémité ou estoit réduicte ladicte ville. »

Un autre boulet tomba, rue Saint-Martin, dans la petite église de Saint-Julien-des-Ménestriers. Enfin, quelques-uns des boulets lancés par les troupes du jeune duc Henri de Longueville, tombèrent aux Halles, près des Innocents.

XI

MADAME DE SÉVIGNÉ PARISIENNE

PARISIENNE, elle l'est doublement, et par droit de naissance et par droit de conquête.

En dépit de ses premiers biographes, c'est bien à Paris — et non au château de Bourbilly — que Marie de Rabutin de Chantal est née, le 5 février 1626, dans une maison dont les six fenêtres de façade donnent sur la place Royale et dont l'entrée est maintenant rue de Birague, 11 *bis* [1]. C'est dans la vieille église de la rue Saint-Paul qu'elle fut baptisée le lendemain ; c'est dans ce quartier du Marais, séjour de la fleur de la Noblesse française, qu'elle a été élevée ; qu'elle s'est mariée, à l'église Saint-Gervais ; qu'elle a marié sa fille, à l'église Saint-Nicolas des Champs ; que, pendant un demi-siècle, elle a attiré autour d'elle les plus grands personnages de la société parisienne, *Chapelain, Ménage, Voiture, Corneille, La Fontaine, Balzac, La Rochefoucauld, Despréaux, Bussy,*

1. Inscription placée sur cette maison, du côté de la place des Vosges :

DANS CET HÔTEL
EST NÉE
LE 5 FÉVRIER 1626
MARIE DE RABUTIN-CHANTAL
MARQUISE DE SÉVIGNÉ

EXTRAIT du registre des baptêmes de la paroisse Saint-Paul de Paris :

« Vendredi, 6e jour de février 1626, fut baptisée MARIE, fille de messire CELSE-BENIGNE DE RABUTIN, baron DE CHANTAL, et de dame MARIE DE COULANGES, place Royalle ; parrain : messire CHARLES LE NORMAND, seigneur DE BEAUMONT, maistre de camp d'un vieil régiment, gouverneur de La Fère et premier maistre d'hostel du Roy ; marraine : dame MARIE DE BAISE, femme de messire PHILIPPE DE COULANGES, conseiller du Roy en son conseil d'Estat et privé »

Retz, Condé, Bourdaloue, Mascaron, Lamoignon, Fouquet, Turenne, et tant d'autres, jaloux d'en obtenir quelques paroles ou quelques lignes.

J'ai dit « société parisienne ; » c'est qu'il y eut dès lors un *esprit parisien* — dont Mme de Sévigné est elle-même la plus haute et la plus séduisante expression — et un *esprit provincial,* celui de la comtesse d'Escarbagnas, doublé de la sottise de Pourceaugnac. Cent ans plus tôt, c'est à Orléans que l'on se gaussait des « crottés et des badauds de Paris. » Tant que les grandes maisons féodales ou apanagées de Bourgogne, de Flandre, de Bretagne, de Bourbon, d'Anjou, de Berry, de Provence, restèrent debout, dans leur indépendance hostile et séparatiste, elles eurent chacune leur capitale, leur cour, centre souvent brillant d'une culture artistique et littéraire, avec de puissantes institutions, Parlements, États, Universités, etc. François Ier, en mettant la Royauté hors de page, prépara la suprématie de Paris, de plus en plus envahissante. Elle devint définitive grâce à Henri IV et à Richelieu, génies centralisateurs, et c'est là qu'il fallut bientôt venir chercher la consécration de toute renommée.

Aussi combien Molière, né rue Saint-Honoré, en face la Croix-du-Trahoir, et enfant des Halles, s'en donne à cœur-joie contre les types extravagants qu'il a vus en courant la balle dans les provinces : précieuses ridicules, comtesses entichées de leur qualité, ou avocats enlimousinés.

Cathos et Madelon n'aspirent qu'à connaître enfin ce Paris, « grand bureau des merveilles », et elles se pâment d'aise, quand « le beau monde, — c'est-à-dire, hélas ! le marquis de Mascarille et le vicomte de Jodelet ! — prend le chemin de les venir voir. »

M. de Pourceaugnac débarque du coche, « en habit propre et riche, » et se propose d'aller faire sa cour au roi, « qui sera ravi de le voir ainsi. »

Quant à la comtesse d'Escarbagnas, le petit voyage qu'elle a fait à Paris la ramène dans Angoulême « plus achevée qu'elle n'était avant d'avoir été reçue *à l'hôtel de Hollande*, et par toute la cour. »

Mme de Sévigné n'est pas plus tendre que Molière pour les provinciaux : elle ne perd aucune occasion de dauber « les demoiselles de Kerlouche, de Kerborgne, de Croqueoison, et les messieurs de Kercado de Crapado, de Bruskenver, de Kempart, de Kerignimini, » dont elle est forcée de subir les visites et les embrassades, en son château des Rochers.

Elle était petite-fille, fille et femme de duellistes endurcis. On avait vu son père, le baron de Chantal, sortir de l'église Saint-Paul, au beau milieu de la messe, le jour de Pâques 1624, pour courir à la place Royale servir de second à Bouteville contre Pontgibaud. C'est sous ses fenêtres que, le 12 mai 1627, Bouteville[1] et des Chapelles se battirent contre Beuvron et Bussy d'Amboise, et c'est lui qui prêta les chevaux sur lesquels s'enfuirent Bouteville et des Chapelles. Menacé de la colère de Richelieu, il se réfugia à l'île de Ré, où il mourut en vrai gentilhomme, percé de trente-sept coups de pique dans un combat contre les Anglais.

Privée de son père à un an, de sa mère à sept ans, elle resta veuve à vingt-cinq ans avec une fille et un fils. Son mari, Henri de Sévigné[2], gentilhomme breton à demi ruiné, trouva le moyen de se

1. François de Montmorency, seigneur de Bouteville, né en 1600 et mort sur l'échafaud, en place de Grève, le 29 juin 1627. On trouvera plus loin toute son histoire dans le chapitre des *Duels d'antan*. De son mariage avec Élisabeth-Angélique de Vienne, qui lui survécut soixante-neuf ans, il eut un fils, François-Henri de Montmorency, célèbre sous le nom de maréchal de Luxembourg.

2. *Sévigné* était une seigneurie de la paroisse de *Cesson*, Ille-et-Vilaine.

faire tuer en duel par le chevalier d'Albret, pour les beaux yeux d'une abominable créature, la Gondran, dite *Lolo*.

Mme de Sévigné ne songea pas un instant à imiter sa grand'-mère, sainte Chantal, qui, dans une situation semblable, passa sur le corps de son fils en larmes pour aller se cacher dans un cloître.

Portail de l'hôtel de Hollande.

Sa dévotion était plus humaine, et on la vit plus tard s'étonner que sa fille, devenue madame de Grignan, « se crût obligée de communier plus fréquemment que saint Louis. » Elle se retira, sans gémissements bruyants, dans son château des Rochers pour y refaire sa fortune compromise et se donner tout entière à l'éducation de ses deux enfants.

Cette « mère-beauté, » cette « jolie païenne, » reparut à la Cour en 1655, où elle écarta, avec une bonne grâce infinie, les hommages compromettants d'une foule de prétendants: Conti, Turenne, du Lude, Rohan, Bussy, Fouquet, sans compter le pauvre bossu Saint-Pavin. Elle sut faire mentir les vers du médisant Boileau :

Jamais surintendant ne trouva de cruelles.

Cour d'honneur de l'hôtel Carnavalet.

Elle ne s'éloigna plus guère des abords de cette place Royale, si bien encadrée dans quatre rangées de pavillons brique et pierre appuyés sur leurs arcades doriques et surmontés de hauts combles d'ardoise. Elle y rencontrait ses bonnes amies : Mmes de Rohan, de Chaulnes, de Lavardin, de Saint-Géran, de Sablé ; puis, dans le voisinage immédiat, son oncle, le cardinal de Retz, rue de la Cerisaie[1] ; celle qu'elle appelait plaisamment *sa bru,* la belle Ninon, rue des Tournelles ; les Coulanges, dans la même rue ; le président de Lamoignon, rue Pavée ; Turenne, rue Saint-Louis ; Scarron, rue Barbette et rue des Douze-Portes ; Fouquet, rue du Temple, et jusqu'à la Brinvilliers, rue Neuve-Saint-Paul[2].

Elle-même avait campé, plutôt que demeuré — car elle adorait le changement — rue Barbette, rue des Francs-Bourgeois, rue des Lions, rue Sainte-Avoie, rue des Tournelles, rue de Torigny — d'où elle vit, une nuit, l'incendie qui dévorait à côté de chez elle la maison de Guitaut — jusqu'au jour où elle s'éprit de *la Carnavalette* et s'y fixa : « Dieu merci ! nous l'avons ; nous y tiendrons tous, et nous aurons le bel air, une belle cour, un beau jardin, un beau quartier, et de bonnes petites *filles bleues*, fort commodes pour la proximité des offices[3]. » Elle eût pu ajouter qu'elle avait près d'elle pour tous les besoins de l'âme : la *Maison professe* des Jésuites de la rue Saint-Antoine, où elle était toujours sûre de rencontrer le P. de La Chaize ou le P. Bourdaloue ; les *Minimes*[4], les *Capucins*[5], les *Célestins* et les *Filles de Sainte-Marie*[6], rue Saint-Antoine, dont

1. Le cardinal de Retz mourut le 24 août 1679, chez sa nièce, la duchesse de Lesdiguières, à l'hôtel de Lesdiguières, situé à l'angle de la rue de la Cerisaie et de la rue de Lesdiguières. Les derniers bâtiments de cet hôtel ont disparu lors du percement du boulevard Henri-IV.

2. L'hôtel de Marie-Marguerite d'Aubray, marquise de Brinvilliers, existe encore, admirablement conservé, au n° 12 de la rue Charles-V.

3. Inscription placée sur l'hôtel Carnavalet par les soins de la Ville de Paris :

MARIE DE RABUTIN-CHANTAL
MARQUISE DE SÉVIGNÉ
HABITA CET HÔTEL
DE 1677 A 1696.

4. Le cloître existe encore, rue des Minimes, affecté à une caserne de gendarmerie.

5. Rue Charlot et rue du Perche. Couvent fondé en 1622 par un frère du président Mathieu Molé, le père Athanase Molé. C'est aujourd'hui une succursale de Saint-Merri, sous le vocable de saint Jean et saint François d'Assise.

6. Ou de la *Visitation*. C'est aujourd'hui un temple protestant, à l'angle de la rue *Castex*. Il ne reste presque rien des bâtiments claustraux. L'église, élevée par Mansard, en 1682, est une habile imitation de l'église Notre-Dame-de-la-Rotonde, à Rome. On n'y voit plus trace du tombeau de François Fouquet, père

sa grand'mère, sainte Chantal[1], avait été la première Supérieure.

Les rigoristes lui reprochent amèrement quelques mots plus que libres. Il ne faut pas oublier qu'à défaut d'une mère, elle n'eut d'autres éducateurs que Ménage et Chapelain, qui lui enseignèrent surtout à lire Tacite, Virgile et Dante, « dans toute la majesté du latin et de l'italien, » et l'on sait ce qu'est trop souvent cette majesté ! Au milieu du dévergondage de la Fronde, chez toutes les héroïnes qu'elle fréquentait, elle conserva intacte sa réputation, malgré l'imprudence provocatrice de ses conversations, car elle citait aussi volontiers Rabelais et les Contes de La Fontaine que les Pères de l'Église, jouant avec le danger, sans jamais s'y brûler. « Je pardonne, disait-elle, aux amoureux comme aux malades des Petites-Maisons. »

Sa belle humeur charmait tous ceux qui l'approchaient, et, pour bien faire juger de l'impression qu'elle produisait, je laisse la parole au bon abbé Arnauld : « Il me semble que je la voie encore, arrivant dans le fond de son carrosse tout ouvert, entre monsieur son fils et mademoiselle sa fille ; tous trois tels que les poètes représentent Latone, au milieu du jeune Apollon et de la jeune Diane, tant il éclatait d'agrément dans la mère et dans les enfants ! »

Elle partagea avec La Fontaine le don, si rare à cette époque, de sentir les beautés de la nature. Voici d'elle un *Diaz* d'un prix inestimable : « Je suis venue à Livry dire adieu aux feuilles ; elles sont encore toutes aux arbres ; elles n'ont fait que changer de couleur : au lieu d'être vertes elles sont aurore, et de tant de sortes d'aurore que cela compose un brocart d'or riche et magnifique que je trouve plus beau que du vert, quand ce ne serait que pour changer. »

J'aime Mme de Sévigné parce que, sa prime jeunesse s'étant épanouie sous la Fronde, elle en conserva toujours quelque chose d'intrépide et de révolté.

du surintendant Fouquet, qui y fut *peut-être* inhumé le 28 mars 1681, après sa mort à Pignerol en 1680 ; On n'a pas retrouvé son cercueil lors des fouilles faites en 1840.

1. Jeanne-Françoise Fremiot, fille d'un président à mortier au parlement de Dijon. Née à Dijon en 1572, elle épousa, à l'âge de vingt ans, Christophe de Rabutin, baron de Chantal, qui la laissa veuve au bout de huit ans de mariage. Elle eut pour fils le baron de Chantal, père de Mme de Sévigné, tué en 1627, en défendant l'île de Ré contre les Anglais. Mme de Chantal se retira en 1610 à Annecy, où elle fonda le premier monastère de la Visitation ; elle mourut à Moulins, le 13 décembre 1641, et fut canonisé en 1767.

Elle ose aller consoler à Saint-Fargeau Mademoiselle, en disgrâce. Malgré les mille liens de son rang, malgré les intérêts de ses

Musée Carnavalet, rue de Sévigné.
Hôtel habité par Mme de Sévigné depuis 1677 jusqu'à sa mort, en 1696.

enfants, ses sympathies sont pour les vaincus, pour les gens mal vus ou terrassés : La Fontaine, Corneille, Descartes, Fouquet, d'Ormesson, Retz, Nicole, Pascal, Arnauld, et quand Pomponne part pour l'exil, elle s'écrie fièrement : « Le malheur ne me chassera pas de cette maison! »

Lecteurs et lectrices, allez faire un tour au Marais. Vous n'y trouverez plus, comme au temps de Mme de Grignan, « un appartement, avec des chambres très raisonnables, une remise pour un carrosse et une écurie pour six chevaux, le tout à 500 livres par an ; » mais vous verrez la place Royale (que quelques-uns de vous ne connaissent peut-être pas !) ; les fenêtres du baron de Chantal, l'endroit où se sont battus tant de raffinés d'honneur, jusqu'à Guise et Coligny ; vous verrez, rue Saint-Antoine, les hôtels de Mayenne, de Sully, de Beauvais, encore debout ; vous entrerez enfin, sans heurter, à cet hôtel Carnavalet, où toutes les traditions d'amabilité de la marquise ont été conservées, et où le distingué conservateur, M. Cousin, et son jeune coadjuteur (laïque[1]), se feront un plaisir de vous montrer tout un trésor de curiosités, que d'habiles recherches et d'heureuses trouvailles rendent plus précieux chaque jour.

1. Ceci était écrit — dans un imprévoyant enjouement — bien peu avant la mort soudaine du meilleur des amis, Lucien Faucou, enlevé si brusquement, au moment même où, sur la désignation de M. Cousin, il venait d'être nommé — à la grande joie de tous ceux qui le connaissaient — conservateur de cette Bibliothèque à laquelle il avait consacré passionnément sa jeunesse, hélas, sans lendemain !

XII

LES CÉLESTINS, BOULEVARD HENRI-IV

La caserne des Célestins a offert dans ces deux dernières années un aspect vraiment pittoresque : une moitié abattue, une moitié reconstruite, la grande cour coupée en biais par un barrage en planches ; d'un côté, le clairon qui sonne ; de l'autre, le bruit de la pioche des démolisseurs, le choc de pans de murs entiers qui s'écroulent, tandis que les nuages de poussière, avec le bruit qui les précède, font songer à des tirs de canons [1].

L'évocation du souvenir de la poudre et de ses explosions n'est point déplacée ici, l'immense caserne occupant non seulement l'emplacement d'un paisible couvent de moines, mais aussi celui de l'ancien Arsenal de la Ville.

Ces moines étaient des Célestins, enrichis par leurs fondateurs, le roi Charles V et le duc Louis d'Orléans, ainsi que par tous ceux qui avaient payé fort cher le privilège d'être inhumés dans leur église, en habit de religieux. Selon un voyageur du siècle dernier, « la bibliothèque était nombreuse, mais le quart était composé de cartons avec de faux titres ; les bons Pères cultivaient la musique, et avaient la plus belle batterie de cuisine qu'on puisse voir dans un couvent. » Littré mentionne, comme deux plats prisés des gourmets, les omelettes et les épinards « à la Célestine. » Le goût des bons moines pour la bonne chère les perdit ; Louis XV,

1. A dix pas plus loin, derrière les dernières cours de la caserne, du côté de la Bastille, on trouvait le contraste étrange d'un immense terrain vague : une forêt vierge ignorée de tous, en plein cœur de Paris ; des arbres séculaires y surgissaient encore au milieu d'un inextricable fouillis de ronces et d'épines.

scandalisé de leurs désordres, les fit supprimer par le Pape; on s'aperçut qu'avant leur disgrâce ils avaient vendu secrètement la meilleure partie de leurs livres.

Leur église, très simple à l'extérieur, n'en était pas moins l'une des plus riches de Paris en tableaux, vitraux, mausolées, statues de bronze ou de marbre. Dulaure lui-même, si peu sensible d'habitude aux beautés des œuvres du moyen âge ou de la Renaissance, en parle en termes admiratifs : « Entrons, dit-il, dans la chapelle d'Orléans; partout, des obélisques, des sarcophages, des statues, un cippe, un groupe des Trois Grâces. On ne croit plus être sous la voûte gothique d'une église, mais dans le temple des Arts ! » C'est que ces statues étaient celles de Philippe de Chabot, par Jean Cousin ; de Charles de Magny, par Paul Ponce ; le groupe des Trois Grâces, par Jean Goujon; toutes merveilles, conservées aujourd'hui au Louvre. On y voyait encore les tombeaux du dernier roi d'Arménie, Léon de Lusignan; de la famille de Rochefort, qui avait produit deux chanceliers de France; du « ferme vieillard » Semblançay, pendu à Montfaucon [1] ; du financier larron Sébastien Zamet [2] ; de Valentine Visconti, et enfin — curieux contraste, — à côté de la

1. Semblançay paraît n'avoir été coupable que d'une trop grande faiblesse à l'égard de la mère de François Ier, Louise de Savoie, à qui il remit des sommes destinées à la guerre d'Italie. Il ne put en montrer les quittances; elles lui avaient été dérobées par René Gentil qui fut, lui aussi, pendu quelque temps après, quand sa fraude fut découverte.

On sait comment Marot vengea la mémoire de Semblançay :

> Lorsque Maillard, juge d'enfer, menoit
> A Montfaucon Semblançay l'âme rendre,
> A votre advis, lequel des deux tenoit
> Meilleur maintien? Pour vous le faire entendre,
> Maillard sembloit homme que mort va prendre;
> Et Semblançay fut si ferme vieillard,
> Que l'on cuydoit pour vray qu'il menast pendre
> A Montfaucon le lieutenant Maillard.

2. Sébastien Zamet, le premier occupant de l'hôtel, appelé après lui de Lesdiguières, Italien amené avec tant d'autres par Catherine de Médicis pour la ruine de la France, fut un de ces sages qui crient selon les temps : *Vive le Roi ! — Vive la Ligue.* Il fit une fortune scandaleuse en servant successivement Henri III, Mayenne et Henri IV. Sa demeure de la rue de la Cerisaie n'était qu'une « petite maison » trop connue, où Mlle d'Entragues recevait tour à tour Henri IV et Bassompierre. Marie de Médicis résida quinze jours chez lui, à son arrivée à Paris, avant d'aller habiter le Louvre. C'est aussi chez lui que Gabrielle d'Estrées fut frappée du mal mystérieux qui l'enleva subitement

Zamet se plaisait à se dire seigneur de dix-sept cent mille écus, baron de Murat et de Billy, seigneur de Beauvoir et de Cazabelle, conseiller du Roi, surintendant des bâtiments de Fontainebleau, etc., etc., etc.

1. Le Mail.
2. Entrée de l'Arsenal.
3. Arsenal.
4. Pont Gramont.
5. Les Célestins.
6. Jardin des Célestins.
7. Cloistre des Célestins.
8. Isle Louviers.
9. l'Hospital, ou la Salpétrière.
10. Pointe de l'Isle Nostre-Dame.
11. Maison de Monsr de Bretonvilliers.
12. Maison de Monsr Lambert.

VUE ET PERSPECTIVE DU MAIL DE PARIS
d'après une gravure d'Aveline.

tombe du duc Louis d'Orléans, assassiné par Jean sans Peur, la tombe de la duchesse de Bedford, fille de Jean sans Peur.

Au sud et à l'est des Célestins, le long de la rivière jusqu'à la tour de Billy, et, le long des fossés de Charles V, jusqu'à la Bastille, la Ville avait un arsenal, dont François Ier et ses successeurs s'emparèrent. Le 19 janvier 1538, la foudre tomba sur la tour de Billy, remplie de poudre, et la fit sauter [1]. Le bruit fut entendu à Corbeil; la commotion renversa plusieurs maisons, et brisa les vitraux de Saint-Paul, de Sainte-Catherine, des Célestins et de Saint-Victor.

Trente ans plus tard, en 1563, autre explosion bien plus meurtrière : « Le 20 janvier, environ trois heures, fut ouï grand bruit, dont aucuns pensoient estre un coup d'artillerie ou de tonnerre. » C'était la Grange aux poudres qui sautait. Il y eut une centaine de morts et de blessés. La populace, en voyant, rue Saint-Antoine, les maisons écroulées, s'en prit aux huguenots, et massacra deux hommes et une femme, « connus pour être factieux. »

Charles IX et Henri III reconstruisirent l'Arsenal. Deux portes décoratives — dont l'une attribuée à Jean Goujon [2] — y donnaient entrée sur le quai des Célestins.

L'hôtel du grand maître de l'artillerie était un vrai palais, où habitèrent Sully, La Meilleraie, le duc du Maine. Le vaste enclos renfermait, au temps de Louis XIV, plus de deux mille habitants : compagnie d'invalides, gardes d'artillerie, anciens officiers, salpêtriers, fondeurs, etc., tous soumis à la juridiction du bailli de l'Arsenal.

En vertu des droits anciens de ce bailliage royal, et malgré les remontrances et l'opposition du Parlement, Louis XIII et Louis XIV y établirent un tribunal extraordinaire, *la Chambre de l'Arsenal,*

1. La tour de Billy, qui faisait partie de l'enceinte de Charles V, occupait, vers le boulevard Bourdon actuel, un point voisin du pont Morland.

2. C'est sur la première porte qu'on lisait ce distique attribué à Nicolas Bourbon ou à Jean Passerat, et dont Santeul disait : *Dussé-je être pendu, je voudrais l'avoir fait !*

Ætna hæc Henrico vulcania tela ministrat,
Tela gigantœos debellatura furores.

PHILIBERT DE LA GUICHE,
Grand-maistre de l'artillerie de France.
M.D.LXXXIV.

qui, entre autre causes célèbres, fut chargée d'instruire le procès de Fouquet. D'une fenêtre de la rue de la Cerisaie, Mme de Sévigné, un jour de novembre 1664, épia le passage du cher prisonnier, revenant de l'Arsenal à la Bastille, à travers les jardins : « Quand je l'ai aperçu, les jambes m'ont tremblé, et le cœur m'a battu si fort que je n'en pouvais plus... M. d'Artagnan l'a poussé, et lui a fait remarquer que nous étions là. Il nous a saluées, et a pris cette mine riante que vous connaissez. »

La grande maîtrise de l'artillerie ayant été supprimée en 1755, le bailliage de l'Arsenal fut confié au marquis de Paulmy, bibliophile éclairé, qui cessa d'acheter des canons et de la poudre et remplaça les machines de guerre par des livres rares, des estampes, des médailles, qu'il mettait lui-même à la disposition des savants. L'abbé Grégoire sauva de la dispersion une collection si précieuse, et la fit déclarer Bibliothèque publique.

Le comte d'Artois, à qui elle avait été rendue sous la Restauration, en fit don à l'État. Charles Nodier en fut alors le bibliothécaire, et fit de son salon un centre attractif où se réunissaient les plus brillants représentants de l'école romantique : Hugo, Dumas, Sainte-Beuve, Alfred de Musset, Théophile Gautier, Gérard de Nerval, etc.

La Bibliothèque de l'Arsenal est installée, bien à l'étroit, dans le long édifice restauré en 1713 par Boffrand, et où l'on montre deux pièces d'une décoration remarquable : le *Cabinet de Sully* et le *Salon de la duchesse du Maine*.

Le boulevard Henri-IV a coupé en deux tronçons la caserne, ainsi que la rue de la Cerisaie, et a fait disparaître ce qui restait encore de l'hôtel Lesdiguières, intéressant non par le souvenir de son fondateur Sébastien Zamet, le plus vil des intrigants, mais par le séjour du cardinal de Retz et de Pierre le Grand.

Retz y demeurait, dans sa vieillesse, quand il venait à Paris, et sa nièce, Mme de Sévigné, se montrait pour lui pleine d'attention : « Nous tâchons d'amuser notre cher Cardinal. Corneille lui a lu une comédie qui fait souvenir des anciennes. Molière lui lira samedi *Trissotin*, qui est une fort plaisante pièce. Despréaux lui donnera son *Lutrin* et sa *Poétique*. »

Il y mourut chez sa nièce, la duchesse de Lesdiguières, le 24 août 1679[1].

Pierre le Grand y logea en 1717, s'y trouvant plus libre qu'au Louvre, et c'est là qu'il reçut la visite du petit roi Louis XV, âgé seulement de sept ans[2]. Toutes les maisons voisines avaient été marquées à la craie, ce qui signifiait que les habitants auraient à loger les officiers du Tsar.

Tout comme nous, nos pères connaissaient les grandes manœuvres ; mais ils les faisaient à leur porte. En 1474, Louis XI passa, entre la Bastille et la tour de Billy, la revue des hommes d'armes et archers que Paris devait fournir en cas de guerre. Il y en avait près de cent mille, portant tous le hocqueton rouge à croix blanche, avec « grand quantité d'artillerie qu'il faisait moult beau voir. »

L'une des expériences de cette artillerie causa un épouvantable accident. Une énorme bombarde, qu'on essayait pour la première fois, placée devant la Bastille et tournée vers le pont de Charenton, éclata « et mit en pièces le fondeur Maugue et quatorze personnes, dont les têtes, bras et jambes furent portés en l'air et jetés en divers

1. L'hôtel de Lesdiguières, célèbre par ses belles dispositions, cours, galeries, jardins, était situé dans la petite rue de la Cerisaie, entre la maison de Philibert de l'Orme et l'une des entrées de l'Arsenal. Paule-Françoise-Marguerite de Gondy de Retz, veuve du duc de Lesdiguières, y mourut le 21 janvier 1716. « Elle était, dit Saint-Simon, le reste de ces Gondi amenés en France par Catherine de Médicis, qui y avaient fait une si prodigieuse fortune et tant figuré. Aussi laissa-t-elle des biens immenses. C'était de tout point une fée, qui, avec de l'esprit, ne voulait voir presque personne, moins encore donner à manger à aucun de ce peu qu'elle voyait ; jamais à la Cour, et presque jamais hors de chez elle. Sa maison, dont la porte était toujours ouverte, était aussi fermée d'une grille qui laissait voir un vrai palais de fée, tel que les dépeignent les romans. Le dedans, presque désert, mais de la dernière magnificence, y répondoit par là et par sa singularité que ne démentoient pas son train, sa livrée, la housse jaune de son carrosse, et *ses deux grands Maures* avec tout leur appareil. Elle laissa gros à ses domestiques et en legs pieux. Le maréchal de Villeroy hérita de plus de trois cent mille livres, outre cette belle maison et une quantité de meubles magnifiques. » Oserai-je ajouter un trait à ce merveilleux tableau de Saint-Simon ? Au fond de son jardin, l'étonnante duchesse avait fait élever un tombeau d'une élégante architecture, sur lequel on lisait cette épitaphe :

Ci-gît une chatte jolie ;
Sa maîtresse, qui n'aima rien,
L'aima jusques à la folie.
Pourquoi le dire ? On le voit bien.

2. Le Comité des Inscriptions parisiennes a conservé le souvenir de cette visite impériale, en faisant apposer une plaque de marbre sur la maison qui porte le numéro 10 :

ICI S'ÉLEVAIT
L'HÔTEL DE LESDIGUIÈRES
OU LE TSAR PIERRE LE GRAND
SÉJOURNA EN 1717.

lieux. » Une quinzaine d'autres, horriblement brûlées, moururent quelques jours après. Le corps du pauvre fondeur fut recueilli et porté à Saint-Merri, « et fust crié par carrefours que on priast pour ledit Maugue, qui nouvellement était allé de vie à trépas *entre le ciel et la terre,* au service du Roi notre sire. »

XIII

UN HOTEL HISTORIQUE

Il n'y a guère de Parisiens qui n'aient vu le bel hôtel de la rue Croix-des-Petits-Champs, 21, où le journal *L'Éclair* a fait ses débuts en 1887 [1] ; il y en a peu qui connaissent son histoire.

Cette rue *de la Croix-des-Petits-Champs* était à peine bordée de constructions, qu'elle fut le théâtre d'une des scènes les plus tragiques de la Saint-Barthélemy. C'est là que les « massacreux » égorgèrent M. de Caumont La Force et son fils aîné. Le plus jeune des enfants, Jacques, eut assez de sang-froid pour se laisser tomber et faire le mort. Vers le soir, un passant s'approcha et le trouva immobile au milieu d'un monceau de cadavres ; le pauvre petit osa lever la tête et dit : « Je ne suis pas mort ! Par pitié, ramenez-moi à l'Arsenal, chez mon parent M. de Biron. » L'homme commença par le dépouiller de ses bagues, puis le fit sauver, et reçut une récompense de trente écus. On cacha quelque temps le garçonnet sous des vêtements de fille.

A gauche de la rue, et presque en face de la Croix, s'élevait déjà, entre cour et jardin, un vaste logis d'aspect seigneurial, aux étages élevés, aux larges baies, aux combles hardis, dont l'escalier de pierre rappelle celui d'Henri II, au Louvre. Les appartements sont dignes des degrés qui y conduisent. Par une pente douce qui subsiste encore au fond de la cour, les cavaliers faisaient descendre leurs chevaux dans d'immenses sous-sols dont

1. *L'Éclair* a quitté cet hôtel en 1896, et a transporté ses bureaux faubourg Montmartre, 10.

les voûtes, après trois siècles écoulés, sont restées aussi solides qu'elles l'étaient le premier jour.

La première personne d'importance que la tradition nous présente dans cette demeure, c'est cette endiablée petite boiteuse, Catherine de Lorraine, sœur du Balafré, jeune veuve du vieux duc de Montpensier. Jusqu'à la Journée des Barricades, Mme de Montpensier résida rue de Tournon, dans un vrai palais que lui avait laissé son mari ; mais, une fois la guerre civile commencée, elle ne se trouva plus en sûreté dans ce faubourg exposé aux attaques des assiégeants. Elle se souvint — à temps — qu'Henri III avait juré de la faire brûler vive, s'il pouvait jamais la prendre, et elle alla loger, « par pure bravade », rue Sainte-Avoye, chez les Montmorency, alors proscrits. De là, elle vint, quelques jours après, habiter l'hôtel de la rue Croix-des-Petits-Champs. Les Parisiens se sont souvenus longtemps du *pain* que l'enragée ligueuse leur fit manger pendant le siège de 1590.

Escalier de l'hôtel de la Bazinière (état actuel).

Elle y eut pour successeur — et ici nous entrons dans l'histoire authentique — un de ces « honnêtes » partisans qui gagnaient des millions au service du Roi : le trésorier de l'Épargne, Bertrand de la Bazinière, si familier avec la reine Anne d'Autriche, qu'il la quittait au milieu d'une partie de reversis, d'hoc ou d'hombre, pour aller gloutonnement faire sa collation dans l'antichambre. Au milieu de ses prodigalités en dépenses insensées, ce rustre était si ladre pour les dépenses nécessaires, qu'il ne payait pas ses valets; à tel point que son portier en fut réduit à lui proposer de faire une boutique d'une porte cochère inutile, dont il toucherait les loyers au lieu de gages. Louis XIV, après la mort de Mazarin, voulant mettre un peu d'ordre dans ses finances dérangées par un long brigandage, fit rendre gorge aux traitants, et La Bazinière, entre autres, fut jeté à la Bastille. Dans son malheur, il eut cette douce consola-

HENRIETTE DE FRANCE, d'après le tableau de Van Dick.

tion, que la tour qui lui servit de prison fit passer son nom à la postérité : elle le portait encore quand on démolit la vieille forteresse. *La tour de la Bazinière* était la dernière à droite, vis-à-vis la rue Saint-Antoine.

La reine Henriette, veuve de Charles — premier du nom en Angleterre, et premier roi décapité, — passa une grande partie de l'hiver de 1662 à l'hôtel de la Bazinière, où elle était proche voisine de sa fille, qu'elle venait de marier à Philippe d'Orléans [1] et qui demeurait au Palais-Royal.

Au commencement du dix-huitième siècle, le propriétaire de l'hôtel est un neveu de Colbert, le comte de Maulevrier, un garçon « d'une ambition démesurée qui allait jusqu'à la folie, » et qui s'avisa de jeter les yeux sur la jeune duchesse de Bourgogne. Si cela était tout à fait fou et inexcusable, que mes lecteurs en jugent par ce délicieux pastel de Saint-Simon : « Nous avions une princesse charmante, qui par ses grâces et des façons uniques en elle, s'était emparée du cœur et des volontés du Roi, de Mme de Maintenon et de Monseigneur le duc de Bourgogne... En particulier, elle sautait au cou du Roi à toute heure, se mettait sur ses genoux, le tourmentait de toutes sortes de badinages, ouvrait et lisait ses lettres, quelquefois malgré lui. Dans cette extrême liberté, jamais rien ne lui échappa contre personne ; gracieuse à tous, attentive aux domestiques, ne dédaignant pas les moindres, vivant avec ses dames comme une amie. Elle était l'âme de la cour, elle en était adorée ; tout manquait à chacun en son absence, ses manières lui attachaient tous les cœurs. »

Jusqu'à quel point Maulevrier se compromit-il ? Je ne pourrais le dire... Ce que je sais, c'est qu'après bien des incidents trop longs à raconter ici, il se livra au désespoir : « Quoique veillé avec un extrême soin par sa femme et par quelques amis, il fit si bien que, le Vendredi saint de l'année 1706, il se déroba un moment d'eux tous, sur les huit heures du matin, entra dans un passage derrière son appartement, ouvrit une fenêtre, se jeta dans la cour et s'y écrasa la tête contre le pavé. »

Cette fenêtre, vous pouvez encore la voir : c'est la dernière à droite au premier étage.

L'hôtel magnifique, qui abrita des duchesses, une reine, de grands seigneurs, n'est plus sous Louis XVI qu'un hôtel garni, dont on a exhumé récemment l'enseigne, un écusson ovale en

1. Frère de Louis XIV.

La Bazinière a possédé, sur le quai Malaquais, un autre hôtel qui existait déjà vers 1650, et qu'il vendit au duc de Bouillon. J'en parle plus loin à propos de l'École des Beaux-Arts. C'est plutôt dans ce dernier hôtel que demeura la reine Henriette.

marbre noir portant en lettres d'or ces mots : *Hôtel de Bretagne*. Il jouissait d'une certaine réputation. Le grand escalier n'est plus gravi alors que par les provinciaux à la recherche de chambres meublées ; les commis du quartier peuvent y dîner à table d'hôte pour trente-deux sols.

Voici d'ailleurs, d'après un curieux almanach du temps, quelle

MACHINE PROPOSÉE A L'ASSEMBLÉE NATIONALE PAR M. GUILLOTIN, POUR LE SUPPLICE DES CRIMINELS.

était la physionomie de la rue Croix-des-Petits-Champs, quelques années avant la Révolution :

Les plaideurs y trouvaient un avocat au Conseil, maître Badin, et un procureur au Châtelet, maître Colin ;

Les malades s'y faisaient saigner par le docteur Guillotin, — qui allait bientôt se rendre trop célèbre par un autre genre de saignée — et achetaient leurs médicaments chez le sieur Martin, apothicaire ;

Les rentiers y disposaient de trois notaires Mes Gacerand, Alleaume et Prévost ; et d'un banquier, M. de Rougemont ;

On pouvait faire faire son portrait « à la silhoutte, *en une minute,* sur ivoire, depuis 3 livres jusqu'à 12 livres, chez le sieur Smidz ; »

Enfin, les amateurs prenaient leur bavaroise au *Café de la Muse limonadière,* Charlotte Bourrette, femme aimable et poète, chez laquelle les gens de lettres aimaient à se réunir, et qui avait compté Voltaire parmi ses clients. Leur société lui avait donné le goût d'écrire, et elle s'essaya en divers genres. Le Théâtre-Français joua une pièce d'elle, en 1779, *La Coquette punie.* Voltaire lui fit présent d'une tasse de porcelaine, et elle sut le remercier avec une grâce parfaite :

Législateur du goût, dieu de la poésie,
Je tiens de vous une coupe choisie,
Digne de recevoir le breuvage des cieux.
Je voudrais, pour vous louer mieux,
Y puiser les eaux d'Hippocrène,
Mais vous seul les buvez, comme moi l'eau de Seine.

C'est dans le même genre facile qu'elle demandait pour un de ses amis, à son voisin, le duc de Penthièvre[1], une place de médecin dans un hôpital :

Grand prince, exauce ma prière ;
Daigne envers moi te montrer libéral.
Ma demande n'est pas bien fière :
C'est une place à l'hôpital.

Quant à l'immeuble, loué désormais par bail à un hôtelier, il avait pour propriétaires les frères de Juigné : l'un, archevêque de Paris, les deux autres, officiers ; tous les trois furent membres de l'Assemblée Nationale ; tous les trois émigrèrent ; leur maison fut confisquée au profit de la Nation.

Bourdon de l'Oise estimait à quinze milliards la valeur des biens nationaux mis en vente, mais la difficulté était de leur trouver des acquéreurs. La Convention, acculée à une banqueroute imminente, imagina de mettre en loterie, en vertu de deux décrets, du 29 germinal et du 8 prairial an III, d'abord cinquante, puis cent maisons de Paris. Le tirage devait se faire dans une des salles

1. Le duc de Penthièvre habitait l'hôtel de Toulouse, affecté aujourd'hui à la Banque de France.

du Louvre, en présence de quatre représentants du peuple.

La *maison dite de Juigné*, estimée 750,000 livres, fut gagnée par un Hollandais, Willem Jacob Dulbing, heureux porteur du nº 22,239, — qui lui avait coûté un franc, et qu'il présenta rue Montmartre, à l'ancien hôtel d'Uzès[1], par-devant les administrateurs du Domaine, les citoyens François Duchâtel, Guillaume-Jacques-Adrien Guillotin (frère du médecin), et Louis-Charles-Melchior Rémusson.

En face de l'ancien hôtel du journal *L'Éclair*, peut-être au coin de la rue du Bouloi, Ange Pitou, à son retour de Cayenne, vint vendre dans une petite boutique ses livres et ceux des autres. Pendant les années les plus troublées de la Révolution, ce père Duchesne royaliste venait chaque jour se placer en face de Saint-Germain-l'Auxerrois, et quand la foule avait fait cercle autour de lui : « Je vais chanter, disait-il, les septembriseurs, les coquins, les filous, les espions, les badauds et toute la bande à Cartouche. » Et il chantait, et il tenait son auditoire en haleine jusqu'à onze heures du soir, à la lumière de deux chandelles fumeuses. Quand il était las de chanter, il prononçait de terribles réquisitoires contre les puissants du jour, couvrant l'audace de ses accusations des allures d'un jocrisse. Le Directoire le jugea assez redoutable pour le comprendre dans la fournée des journalistes hostiles, déportés à Cayenne par décret du 18 fructidor an V.

On lit dans ses *Mémoires*, publiés en 1805 : « Comme l'originalité est mon lot, je me suis établi libraire dans la rue Croix-des-Petits-Champs, nº 21, près de la place des Victoires. Du seuil de ma porte, je vois l'ancien théâtre en plein air[2] où j'ai chanté *Les Mandats*, *Les Patentes*, *Le Père Hilarion*, *Les Incroyables*, et

1. Sur l'emplacement occupé aujourd'hui par la rue d'Uzès, percée en vertu d'un décret du 24 juin 1870. Cet hôtel avait sur la rue Montmartre une porte monumentale. Une longue avenue conduisait à la cour d'honneur ; derrière la maison, les jardins s'étendaient jusqu'à la rue Saint-Fiacre. Il appartenait en dernier lieu à la famille Delessert.

2. Le numéro 21 de l'année 1805 doit être cherché à peu près en face du numéro 21 actuel. Si l'on prend le texte d'Ange Pitou à la lettre, *du seuil de sa porte* il ne pouvait pas voir son ancien théâtre en plein vent de Saint-Germain-l'Auxerrois ; mais il pouvait voir à sa droite la place des Victoires, et, en y mettant un peu de complaisance, avec les yeux de l'esprit, à sa gauche, la place de l'Oratoire-du-Louvre, au bout des rues Croix-des-Petits-Champs et du Coq, deux places où il avait pu chanter au temps de sa grandeur et de sa popularité.

autres vaudevilles accompagnés de commentaires qui m'ont valu la déportation. »

Si les morts revenaient, combien ils trouveraient tout changé ! Le commerce, l'industrie, le gaz, l'électricité, ont pris possession du vieux manoir féodal qui a vu, sous ses fenêtres, les barricades de la Ligue, de la Fronde, de la grande Révolution, de 1830, de 1848, de 1871, et qui, aujourd'hui, abrite les plus importants établissements de ce quartier populeux devenu le centre des affaires.

XIV

LA RUE DU ROI-DE-SICILE

Vous rappelez-vous ce cri que chacun poussait dans Paris au commencement de décembre 1891 ? *Allioli est retrouvé !* En dehors des émotions de curiosité qu'a procurées au public l'éclipse mystérieuse de ce fumiste désormais légendaire, sa disparition, maintenant expliquée, aura eu cette conséquence de refaire une sorte de célébrité à un coin, bien oublié, du vieux Paris, la rue du Roi-de-Sicile, où il a établi ses pénates de notable commerçant.

Que l'on vienne nous dire aujourd'hui que les faits divers ne servent de rien ! En voici un, et bien innocent celui-là, qui, subitement, ramène à fleur d'actualité toute une manne de souvenirs perdus, tout un décor d'histoire effacé, cette rue du Roi-de-Sicile, ruinée par la concurrence parallèle de la rue de Rivoli, cette rue obscure, abandonnée, déserte, ignorée des Parisiens — les gens qui connaissent le moins Paris, — malgré son origine royale, en dépit des communautés, des hôtels, des palais qui la bordèrent jusqu'à la fin du siècle dernier.

Elle eut pour parrain le neuvième frère de saint Louis, Charles d'Anjou, roi éphémère de Naples, sur la mémoire duquel pèsent les Vêpres Siciliennes, que sa dureté et son avidité avaient provoquées. Il y avait édifié un « séjour » splendide, dont je ferai tout à l'heure la rapide histoire.

Charles de Savoisy, chambellan du roi Charles VI, demeurait tout près de là, en 1404, rue Pavée, et y fut victime de la plus déplorable aventure. Le 14 juillet de cette année, une rixe éclata entre ses pages et des écoliers, qui passaient en procession devant chez lui, pour aller entendre la messe au prieuré de Sainte-Catherine-du-Val. Les pages et les valets poursuivirent leurs adversaires, en blessèrent plusieurs, entrèrent dans l'église, maltraitèrent le diacre, le sous-diacre et l'officiant. Comme Savoisy refusait de désavouer ses serviteurs, l'Université, toute-puissante alors, suspendit ses classes jusqu'à ce qu'elle eût obtenu une éclatante réparation. La maison de Savoisy fut démolie ; lui-même fut condamné à 1,500 livres d'amende et à d'énormes frais ; trois de ses gens durent faire amende honorable, en chemise, nu-pieds, la torche en main, devant Sainte-Catherine, Sainte-Geneviève et Saint-Séverin, après quoi ils furent fouettés dans les carrefours et bannis pour trois ans. Ce ne fut que cent douze ans plus tard, en 1517, que l'Université permit enfin la reconstruction de l'hôtel, à la condition expresse que l'on placerait au-dessus de la porte principale une inscription rappelant le forfait et le châtiment[1].

Le nouvel hôtel devint au XVIIe siècle l'habitation des ducs de Lorraine, et l'on en voit encore quelques traces aux numéros 11 et 13 de la rue Pavée.

L'amiral Philippe de Chabot mourut, le 1er juin 1543, rue du Roi-de-Sicile, dans l'hôtel Savary, attenant à la maison de Savoisy et à la rue Pavée. Il est difficile maintenant de se faire une idée juste de la splendeur décorative des cérémonies de cette époque : mariages, entrées, sacres des rois, funérailles. Aux obsèques de Chabot, assistaient les Cordeliers, les Jacobins, les Célestins, les Carmes, les Billettes, les Blancs-Manteaux, le clergé de trente-trois paroisses, portant des torches aux armoiries du défunt; cent pauvres, vêtus de robes et de chaperons de deuil ; les religieux de Madame Sainte-Geneviève ; les vingt-deux crieurs de la Ville, vêtus de leurs dalmatiques blanches couvertes d'ossements noirs,

1. Voici le texte de cette inscription dont le marbre est malheureusement perdu :
« *Cette maison de Savoisi, en 1404 fut démolie et abattue par Arrêt, pour certains forfaits et excès commis par messire Charles de Savoisi, chevalier, pour lors Seigneur et Propriétaire d'icelle maison, et ses serviteurs, à aucuns Escoliers et Suppôts de l'Université de Paris, en faisant la procession de ladite Université à Sainte-Catherine-du-Val-des-Ecoliers, près dudit lieu ; avec autres réparations, fondations de chapelles, déclarées audit Arrêt. Et a demeuré démolie l'espace de cent douze ans, jusqu'à ce que ladite Université, de grâce espéciale, a permis la réédification d'icelle, aux charges contenues et déclarées, etc. Lettres sur ce faites et passées en l'an 1517.* »

sonnant de leurs sonnettes ; un gentilhomme de la maison de l'amiral suivi de cent neuf serviteurs ; puis, du côté dextre, les chanoines de Notre-Dame, de la Sainte-Chapelle, de Saint-Germain-l'Auxerrois, et, du côté senestre, le Recteur, ses bedeaux et les quatre Facultés ; les archers et les arquebusiers ; des gentilshommes portant les étendards, la cotte, l'écu, l'épée, le heaume, le guidon du mort ; les hérauts d'armes du Roi ; le cardinal du Bellay, évêque de Paris, qui donnait sa bénédiction au peuple ; le Parlement en

STATUE FUNÉRAIRE DE L'AMIRAL CHABOT. (Musée du Louvre.)

robes rouges, la Chambre des Comptes, le Châtelet... J'arrête ici cette énumération homérique ! L'interminable cortège se rendit à la chapelle des Célestins, par la rue Saint-Antoine, la rue Saint-Paul et le quai. Le monument de l'amiral, attribué à Jean Cousin, est maintenant au Louvre. C'est un tombeau de marbre noir, sur lequel une statue de marbre blanc, vrai chef-d'œuvre de la Renaissance, le représente à demi couché.

Quelques années auparavant, le lundi matin de la Pentecôte de 1528, une terrible nouvelle avait surpris Paris à son réveil. La « Belle Dame » de pierre, placée à l'angle de la rue du Roi-de-Sicile et de la rue des Juifs, si bien vêtue de soie et d'or, si bien parée de menus bijoux par les jeunes filles du quartier, fut trouvée gisante à terre, mutilée, la tête coupée, ainsi que celle du petit Jésus; sa belle robe, sa coiffure, souillées de boue! Il n'y eut qu'un cri d'horreur dans toutes les paroisses, et l'on jugea qu'une procession solennelle pouvait seule expier un tel sacrilège. Le jour de la Fête-Dieu, le Parlement tout entier se rendit à cheval, du Palais au lieu de la profanation, avec les moines, le clergé, les princes, les ambassadeurs, les prélats, les quatre cents archers de la garde écossaise. Le roi François Ier arriva à midi. Les musiciens de sa chapelle chantèrent l'*Ave regina cœlorum,* qu'il entendit à genoux, ainsi qu'une foule immense; puis il plaça lui-même, dans la niche, une statue d'argent qu'il baisa à plusieurs reprises, « les larmes aux yeux, » ne manquent pas d'ajouter les historiographes, bien gagés et bien pensants.

J'ai à peine besoin de dire que l'insulte faite à la statue de la Vierge, par quelques malheureux restés inconnus, fut le signal de nouveaux massacres des protestants.

En face l'hôtel de Chabot et la rue des Juifs — qu'on appelait alors rue des Rosiers — était le prieuré du *Petit Saint-Antoine*, dont les religieux jouissaient du singulier privilège de laisser vaguer sur la voie publique douze cochons, sonnette au cou. C'est dans leur église que se réunissait le chapitre des hérauts d'armes, pour l'élection de leur roi d'armes, Montjoie Saint-Denis. Près de la porte d'entrée, on vit longtemps un crocodile empaillé, rapporté de Venise, sous François Ier, par notre ambassadeur, Pierre de la Vernade; mais il faisait une telle peur aux dévotes et aux enfants, qu'on fut obligé de le reléguer au fond d'une cour éloignée.

Quant à l'hôtel de Charles d'Anjou, il occupait, à l'entrée de la rue du Roi-de-Sicile, l'espace considérable qui s'étendait de la rue Pavée à la muraille de Philippe Auguste, c'est-à-dire vers la rue Culture-Sainte-Catherine, actuellement rue de Sévigné. Des princes d'Anjou, il passa à la maison d'Alençon, et le duc Jean — celui que Jeanne d'Arc appelait son « beau duc » — y fut arrêté, à la fin du règne de Charles VII, pour crime de haute trahison. Le cardinal de Birague en devint plus tard propriétaire et y reçut la visite d'Henri III, honneur qui lui coûta cher, car, après la collation, les pages du roi brisèrent « onze à douze cents pièces de faïence excellemment belles, » ce qui nous donne une jolie idée des mœurs des « jeunes gens très bien » d'alors.

Ce René de Birague était un de ces aventuriers italiens qui avaient fait fortune en France, à la suite de cette seconde Isabeau de Bavière qu'on appelle Catherine de Médicis. Il mourut cardinal, âgé de soixante-treize ans, après avoir été soldat et marié. Il avait

ENTRÉE DE LA GRANDE-FORCE, RUE DES BALLETS. (État en 1841.)

élevé, en 1579, rue Saint-Antoine, en face de la première chapelle des Jésuites, une fontaine qui porta son nom jusqu'à nos jours[1] (voir page 20). Ses obsèques eurent lieu dans l'église voisine de Sainte-Catherine-de-la-Couture, qu'il avait embellie et dotée, et le roi Henri III suivit son convoi, en habit de pénitent, — c'est-à-dire dans un sac blanc de toile de Hollande. — Les tombeaux du cardinal et de sa femme, Valentine Balbiani, sont au musée de la Renaissance, au Louvre.

Voulez-vous savoir les noms des personnages, plus ou moins illustres, qui lui succédèrent dans la propriété de l'hôtel? En voici la liste :

1. La fontaine de Birague, élégant petit pavillon pentagonal, n'a disparu qu'en 1857.

Le maréchal de France Antoine de Roquelaure, contemporain d'Henri IV; François de Longueville, comte de Saint-Pol, puis le Boutillier de Chavigny, contemporains de Louis XIII; le duc de la Force, contemporain de Louis XIV; les frères Paris, financiers, contemporains de Louis XV. Le troisième de ces quatre frères, Joseph Paris Duverney, voulut y établir l'École militaire, dont il fut même nommé le premier intendant; mais ce projet n'eut pas de suite, et, le gouvernement ayant acheté l'hôtel en 1754, Necker persuada à Louis XVI d'en faire une prison modèle, destination nouvelle applaudie avec enthousiasme par tous les philosophes et les encyclopédistes du dix-huitième siècle.

PRINCESSE DE LAMBALLE.

Ce que fut cet « établissement modèle, » et comment il remplaça le For-l'Évêque et les deux Châtelets, je le laisse à juger par la citation suivante :

« Dans une salle basse, tenant lieu de chauffoir, sont encombrés trois cents malheureux, sans souliers, couverts de haillons, ne recevant que du pain, de l'eau et une cuillerée de soupe; n'ayant qu'un retrait commun, qu'il est impossible de nettoyer et qui exhale une odeur fétide. On les entasse la nuit, soixante ensemble, sur un lit de bois, ou sur des paillasses puantes... »

C'est dans ce palais des ducs de la Force, qui, devenu chiourme infecte, en conserva le nom, que l'infortunée princesse de Lamballe, arrachée du Temple, fut incarcérée la nuit du 19 août 1792. Elle n'en sortit que treize jours après, pour être massacrée, le 3 septembre au matin, sans que les vrais instigateurs du meurtre infâme aient jamais été complètement dévoilés.

On m'a montré, quand j'étais enfant, la borne d'un marchand de vin, où fut tranchée la tête de Mme de Lamballe, à l'angle des rues des Ballets et du Roi-de-Sicile. Le tambour Charlat l'avait assommée d'un coup de bûche, et le garçon-boucher Grison lui avait coupé le cou.

Je ne me sens pas le courage de raconter l'immonde promenade des monstres qui portèrent, de la Force au Temple, la tête de la martyre au bout d'une pique, le cœur au bout d'un sabre, le reste au bout d'une lance.

Ces ignobles horreurs ne font pas *bloc* avec les grandeurs immortelles de la Révolution...

XV

LA SÉCURITÉ DES PARISIENS

Aussitôt que les ombres pacifiques du soir font fermer les boutiques d'un double cadenas, dit Boileau, dans ce qu'il croyait « la langue des dieux, »

> Les voleurs à l'instant s'emparent de la ville ;
> Le bois le plus funeste et le moins fréquenté
> Est, au prix de Paris, un lieu de sûreté.

Pourquoi nous parler seulement des crimes nocturnes ?

Maître Nicolas, très bien informé, savait parfaitement que les cambrioleurs de son temps utilisaient leurs journées ; mais ils y mettaient plus de formes que, de nos jours, les gentilshommes de Grenelle et du boulevard de l'Hôpital.

Je lis dans un chroniqueur : « Il y a plusieurs bandes dont les membres portent d'élégants costumes et l'épée au côté ; aussi ne se défie-t-on pas d'eux, quand ils demandent à voir en particulier le maître du logis ; une fois qu'ils se trouvent seuls avec lui, ils le prennent à la gorge, lui mettent dans la bouche une *poire d'angoisse*, et forcent le malheureux, qui ne peut plus ni crier ni parler, à leur payer rançon. »

On conserve précieusement dans nos musées quelques-unes de ces petites poires, ingénieux instruments de torture, vrais bijoux de poche, qui se dilatent — non pas précisément à la volonté du preneur. Il y en a de jolies, à faire venir l'eau à la bouche.

Boileau nous a conté, avec de longs détails qui sont dans la mémoire de tous, la fin tragique de ses deux voisins, le lieutenant criminel Tardieu (quelque chose comme le préfet de police d'alors), et sa femme « de hideuse mémoire, » et comment

Des voleurs, qui chez eux pleins d'espérance entrèrent,
De cette triste vie enfin les délivrèrent.

Rien n'égale l'aimable désinvolture avec laquelle un *reporter* de 1665 rimaille le même fait divers :

Hier, près du cheval de bronze,
On assassina (grâce à Dieu)
Feu messire Jacques Tardieu.
Ce grâce à Dieu, par parenthèse,
Ne dit pas que j'en sois bien aise ;
Mais quand un malheur nous advient,
Comme c'est de Dieu qu'on le tient,
On lui doit des grâces de tout.
Ainsi, quoique chacun en pense,
Soit châtiment, soit récompense ;
Soit qu'il ait souffert le trépas,
Pour aller là-haut ou là-bas ;
Soit qu'il se chauffe en Purgatoire,
Hier, si j'ai bonne mémoire,
On assassina (grâce à Dieu)
Feu messire Jacques Tardieu.
Puis madame la lieutenante,
Si bien née et si bienfaisante.
D'un seul coup de barre de fer,
On lui mit la cervelle en l'air,
Et sa belle âme, à la même heure,
Voyant démolir sa demeure,
S'en alla par un si grand trou,
Je n'ai pas besoin de dire où ! [1]

On voit qu'en fait de sécurité publique, nous n'avons rien à envier à nos bons aïeux : ils passaient par les mêmes émotions que nous, et l'on peut juger quel effroi jeta dans Paris un crime si audacieusement commis en plein midi, contre un si haut magistrat.

Il faut payer largement des services aussi dangereux. Vers 1633, le lieutenant civil déclara au Parlement qu'il ne lui était pas possible d'empêcher les méfaits commis dans les rues, « à cause de l'insuffisance des gages attribués à la milice du Châtelet, les archers et les sergents ne touchant que *trois sous et demi par jour*, comme du temps du roi Jean. »

La bravoure et une rigoureuse discipline sont les conditions

1. Extrait des registres de la paroisse *Saint-Barthélemy* :
« Du lundy 24me aoust 1665, enterrement des corps de deffuncts M. Tardieu, lieutenant criminel, et de Marie Février, son espouse, assassinés en leur maison, isle du Palais. »

essentielles d'une bonne police. La poltronnerie du *Guet royal* était légendaire; c'étaient les voleurs qui rossaient les patrouilles. Pour éviter un tel affront, un chevalier du Guet, qui me semble avoir été un homme très avisé, messire Gauthier Rallard, ne se hasardait jamais à sortir la nuit du Châtelet, que précédé de quatre ou cinq menestriers, « chose moult estrange, car il semblait dire aux malfaiteurs : Fuyez-vous-en; j'arrive! » Aussi, accusait-on couramment les archers d'éviter les mauvaises rencontres, parce qu'ils avaient leur part réservée dans le produit des vols!

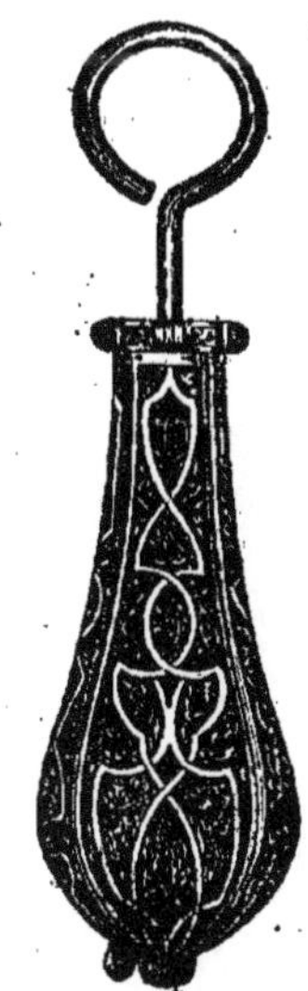

POIRE D'ANGOISSE FERMÉE.

Il y avait, en outre, le *Guet bourgeois* ou des *Métiers*. Ceux dont le tour était venu, devaient se présenter au Châtelet avant le couvre-feu. Sous Charles V, on en plaçait six autour du Châtelet, pour empêcher les prisonniers de s'évader par les fenêtres; six en la cour du Palais, pour garder les reliques de la Sainte-Chapelle; six en la Cité, six devant la fontaine des Saints-Innocents, six sous les piliers de la Grève, six à la porte Baudoyer, et le reste aux divers carrefours.

Le bourgeois du Guet devait son service jusqu'à soixante ans, mais il manquait d'enthousiasme et il saisissait les prétextes les plus fallacieux pour se faire exempter. Or, comme la gaîté gauloise n'a jamais perdu ses droits, les maîtres, de garde, ne voulaient recevoir les excuses d'un prud'homme « par l'entremise d'un voisin ou d'un serviteur, *mais seulement par les femmes* belles ou laides, jeunes ou vieilles, qui doivent venir en personne excuser leur mari, et c'est chose vilaine qu'une femme aille au Châtelet après le couvre-feu, et s'en retourne à

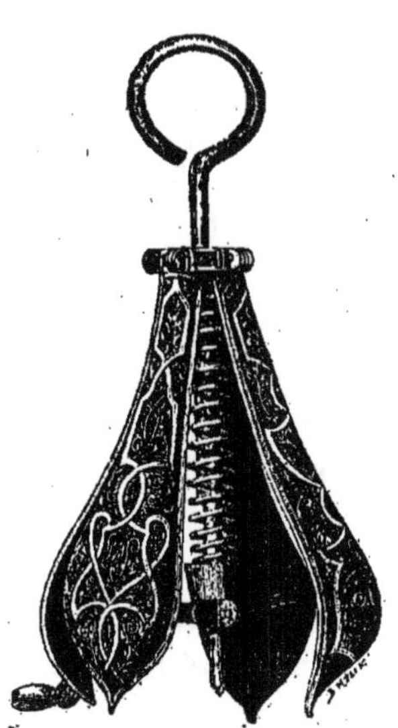

POIRE D'ANGOISSE OUVERTE.

sa maison, à travers des rues lointaines... d'où il est survenu des malheurs et des infamies. »

Au reste! quelle surveillance efficace ces braves gens auraient-ils pu exercer! L'éclairage était à peu près nul; au Châtelet, le greffier laissait, toute la nuit, une chandelle à la porte du tribunal; à quelques coins de rues, une lampe brûlait devant la niche d'une

Hôtel des Chevaliers du Guet, d'après une estampe du musée Carnavalet.

statue de la Vierge; par une ordonnance de François Ier, « pour garantir les Parisiens des attaques des *mauvais garçons*, tout propriétaire de maison estoit tenu de placer, après la neuvième heure du soir, sur une fenestre du premier estage, une lanterne allumée ; » mais qui exécutait les ordonnances ?

Ce qui d'ailleurs entrava, jusqu'au temps de Louis XIV — devant qui il fallait bien céder — toute répression sérieuse, ce fut l'impunité des Grands et de leur valetaille. Il n'y avait pas d'hôtel qui ne servît de lieu d'asile aux pages fripons, aux gentilshommes meurtriers ou faux-monnayeurs, et aux repris de justice. En février 1597, le duc de Nemours et le comte d'Auvergne allèrent à la foire Saint-Germain, où ils commirent « dix mille insolences; » l'année suivante, la police se reconnaît impuissante à empêcher les *ravages* que ce même comte d'Auvergne, bâtard de Charles IX, commet dans le quartier Saint-Paul; en 1616, Vitry, capitaine des

HÔTEL DES CHEVALIERS DU GUET,
devenu mairie du IVe arrondissement de 1808 à 1860. Démoli en 1864.

gardes du roi, et un exempt nommé Malleville, forment le projet d'arracher des prisons du Châtelet le baron de Beauveau, accusé d'avoir fabriqué de la fausse monnaie. Ils assemblent des hommes déterminés une nuit et, bien armés, munis de pétards, ils enfoncent les portes, maltraitent les archers et mettent en liberté le prisonnier, avec lequel ils se rendent au logis du lieutenant de robe courte qui l'avait fait incarcérer, Antoine Ferrand, en son hôtel de la rue Serpente. Là, ils bafouent ce magistrat et le menacent de mort, s'il bouge ! Cet épouvantable attentat contre la justice resta impuni. Le garde des sceaux invita le Parlement à ne pas en rechercher les auteurs.

Les magistrats, si faibles contre quiconque pouvait leur résister, étaient impitoyables contre les misérables qu'ils tenaient entre leurs mains, et — ce qui prouve bien l'inanité des codes barbares — jamais, peut-être, les crimes de droit commun ne furent plus fréquents qu'à l'époque où les gibets de Montfaucon, de la place Maubert, de la Grève, de la Croix du Trahoir, le pilori des Halles, ne chômaient pas un jour ; qu'à l'époque où l'on pendait, fouettait, rouait, écartelait, essorillait, brûlait, estrapadait, noyait, écorchait, empalait ; horribles exécutions, accompagnées d'un appareil théâtral destiné bien vainement à frapper les imaginations, et qui faisaient de Paris un vrai charnier, où l'on respirait l'infect fumet des chairs grillées et des tronçons de corps pourrissant, *pour l'exemple*, au-dessus des quatre principales portes de la ville.

CHEVALIER DU GUET (1756), d'après une aquarelle de A. de Valmoux. (Bibliothèque nationale.)

« Quoi ! disait Voltaire, il y a plusieurs siècles écoulés depuis que vous êtes établis en corps de peuple, et vous n'avez pas su trouver le secret d'obliger tous les riches à faire travailler tous les pauvres ! »

Nous n'en sommes donc pas encore aux premiers éléments d'une exacte police.

XVI

LA TOUR DE JEAN SANS PEUR

Le Conseil municipal a voté un crédit d'une trentaine de mille francs pour la réfection d'un mur « séparant la *Tour des ducs de Bourgogne* d'une maison contiguë, sise rue Françoise, 8, et appartenant à M. Courtépée. »

Les conseillers du deuxième arrondissement en ont profité pour signaler à leurs collègues l'état de délabrement d'un monument qui fait l'admiration de tous les Parisiens instruits, et dont les pierres, en se détachant de la partie supérieure, mettent en danger la vie des enfants de l'école.

Puisse leur réclamation être enfin entendue. Il suffit de jeter les yeux sur le projet de restauration exposé depuis bien des années dans le préau couvert, pour comprendre combien la réalisation en serait désirable. Paris est bien pauvre en débris du moyen âge, et celui-ci a été le théâtre des faits les plus curieux de son histoire.

Qu'on en juge.

Le plus ancien propriétaire de ce séjour princier fut un des frères de saint Louis, Robert, comte d'Artois, celui qui fut tué en 1250 à la bataille de la Massoure. Son hôtel s'étendait de la rue Montorgueil[1] à la rue Saint-Denis, et de la rue

1. De la Pointe-Saint-Eustache à la rue Mauconseil, c'était la rue *Comtesse-d'Artois* ; de la rue Comtesse-d'Artois à la rue Saint-Sauveur, c'était la rue *Montorgueil*, et au delà de la rue Saint-Sauveur c'était la rue des *Petits-Carreaux*.

A la fin du xve siècle et au xvie siècle les principaux imagiers, graveurs, éditeurs de cartes et de plans étaient établis rue Montorgueil : Roland Guérard et Nicolas Prévost, *au Bon-Pasteur* ; François Gence,

Mauconseil à la muraille de Philippe Auguste. C'est-à-dire qu'au XIIIe siècle la campagne commençait à l'endroit où passe aujourd'hui la rue Tiquetonne.

Pour avoir un accès plus facile sur les champs, Robert d'Artois fit percer la muraille d'une poterne, ce qui permit à la rue Montorgueil — ou rue au Comte-d'Artois — de s'allonger indéfiniment vers le Nord et de devenir aujourd'hui la rue des Petits-Carreaux, la rue Poissonnière, du Faubourg-Poissonnière, des Poissonniers, l'un des grands chemins de l'approvisionnement des Halles.

Un siècle après, l'hôtel devint, à la suite d'un mariage[1], la résidence de ces quatre derniers ducs de Bourgogne qui, par leur odieuse alliance avec les Anglais, mirent la France à deux doigts de sa perte : Philippe le Hardi, Jean sans Peur, Philippe le Bon et Charles le Téméraire.

C'est dans cette tour, que vous voyez maintenant chaque jour en passant rue Étienne-Marcel, que Jean sans Peur médita l'assassinat de son cousin germain, Charles d'Orléans. Lui, mal fait de sa personne, dur, sombre, haineux jusqu'au crime, tenace en ses projets, brutal comme le rabot qu'il avait pris pour devise ; l'autre, Charles, élégant, affable, éloquent, artiste, lettré, prodigue, insatiable de plaisirs, et époux volage de la belle Valentine de Milan, qu'il commençait à délaisser pour l'indigne Isabeau.

Le dimanche 20 novembre 1407, les deux cousins s'embrassèrent, entendirent la messe au château de Beauté, près de Vincennes ; partagèrent la même hostie, mangèrent ensemble, et se prêtèrent serment « de bon amour et de fraternité. »

Le surlendemain, le duc d'Orléans alla souper chez la reine

à l'Image Saint-Pierre ; Jacques Lalouette, Denis de Mathonière à la *Corne de Daim* ; Jean Bousoy, *à l'Epinette*, etc.

C'est chez Olivier Truschet et Germain Hoyau, prédécesseurs de Roland Guérard et de Nicolas Prévost, que fut publié le *plan de Paris le plus anciennement connu*, en 1552, à l'enseigne du *Chef saint Denis*.

1. Philippe le Hardi, quatrième fils du roi Jean le Bon et de Bonne de Luxembourg, épousa, le 19 juin 1369, Marguerite, comtesse de Flandre et d'Artois, veuve, sans enfants, du duc de Bourgogne Philippe de Rouvre, en novembre 1361.

Par lettres royales de novembre 1361, le roi Jean réunit le duché de Bourgogne à la couronne de France. Il le donne, en 1363, à son fils Philippe le Hardi, et celui-ci, pour cimenter la réunion de la Bourgogne à la France, épouse, en 1369, Marguerite, veuve du dernier duc de la maison de Rouvre.

Isabeau, à l'hôtel Barbette, rue Vieille-du-Temple. Il en sortit un peu après huit heures. Le quartier était désert ; le couvre-feu avait sonné aux paroisses voisines de Saint-Merry, de Saint-Jean et de Saint-Gervais.

TOURELLE D'ENCOIGNURE DES RUES VIEILLE-DU-TEMPLE ET DES FRANCS-BOURGEOIS. L'hôtel Barbette fut morcelé par les deux filles de Diane de Poitiers en 1561. Cette tourelle ne fut construite que quelques années après, sur l'emplacement de l'hôtel.

Le duc, vêtu d'une robe de damas noir, monté sur une mule, suivi de deux écuyers sur un même cheval, et de trois ou quatre valets portant des torches, se dirigeait vers la rue Saint-Antoine, où il demeurait. Chantant à demi-voix et jouant avec son gant, il venait de dépasser l'ancienne poterne Barbette[1], quand il fut tout à coup attaqué devant l'hôtel du maréchal de Rieux, par une troupe de meurtriers embusqués dans la maison de l'*Image Notre-Dame*. Ils frappèrent le malheureux prince avec une telle rage que le corps fut haché, le poing gauche coupé, la cervelle répandue au loin[2].

De la fenêtre haute d'une des maisons d'angle de la rue des Rosiers, Jacquette Griffard, femme d'un cordonnier, fut témoin du crime. Tant qu'elle put, elle cria au meurtre. « Tais-toi, mauvaise femme ! » lui répondit

1. La poterne Barbette, l'une des portes de l'enceinte de Philippe Auguste, était située rue Vieille-du-Temple, entre les numéros 59 et 61.

2. Il faut donc s'inscrire en faux contre la somptueuse inscription placée récemment rue des Francs-Bourgeois, 38, par un propriétaire trop prompt à s'abuser. C'est bien au moment où il venait de franchir la poterne Barbette, que le duc Louis d'Orléans a été assassiné, rue Vieille-du-Temple, le mardi 22 novembre 1407, entre huit et neuf heures du soir, en face de la rue des Rosiers et de l'hôtel de Rieux, aujourd'hui hôtel de Hollande.

l'un des assassins. Alors parut, une lanterne à la main, le vrai chef de la bande, le visage soigneusement caché sous un capuchon rouge ; il s'approcha du corps, et s'assura qu'il ne remuait plus. « Éteignez tout, dit-il, et allons-nous-en, il est bien mort. » Puis l'homme s'enfuit en toute hâte par la rue des Blancs-Manteaux, dans la direction de la rue Mauconseil, *où était son hôtel de Bourgogne.*

On montre encore, tout en haut du donjon, la chambre, protégée extérieurement par des mâchicoulis, où le criminel se réfugiait chaque nuit, poursuivi par les remords, et s'y croyant à peine en sûreté.

Sous Jean sans Peur, et sous son fils, Philippe le Bon, l'hôtel de Bourgogne fut le foyer de toutes les intrigues contre les Armagnacs, les princes d'Orléans, les rois Charles VI et Charles VII. Lorsque Jean sans Peur, par un juste retour des choses d'ici-bas, eut été tué au pont de Montereau, Philippe le Bon devint naturellement l'allié le plus fidèle des Anglais, et ne rougit pas de donner sa sœur, Anne, en mariage au duc de Bedfort, régent du roi anglais Henri VI.

LE DONJON DE JEAN SANS PEUR, enclavé aujourd'hui dans l'école communale de la rue Tiquetonne.

Plus tard pourtant il se réconcilia avec Charles VII, et en 1461 il fit partie du cortège de Louis XI, quand celui-ci fit son entrée dans sa capitale, le lundi 31 août. Le vieux duc Philippe descendit à son hôtel de la rue Mauconseil ; il n'était pas venu depuis vingt-six ans dans ce quartier des Halles, dont les habitants avaient pour sa famille un attachement presque séculaire.

Il y recevait dans la grande salle tendue de tapisseries brodées d'or ; il y étalait le luxe de ses buffets chargés de vaisselle d'or et d'argent ; de ses cuivres de Dinand, pelles, passoires, chandeliers, bassins, brocs, mortiers, lanternes ; de ses faïences, de ses cruchons en grès, de ses soupières d'étain. Sa bibliothèque contenait les manuscrits les plus rares, les miniatures les plus précieuses. Il entendait la messe à trois heures de l'après-midi ; il faisait de la nuit le jour pour les danses, les festins et autres ébattements, au son de la musique du joyeux Hennequin Coppetrippe, son trompette ; de Jéhan Claux, son tabourin ; de Josse Regnier, roi de l'Épinette, et de Jean Facian, roi des ménestriers.

L'ancien levain de la révolte cabochienne fermentait encore dans bien des têtes, et un boucher lui criait : « O franc et noble duc, soyez le bienvenu en la ville de Paris ! Il y a longtemps que vous n'y fûtes, quoiqu'on vous ait bien désiré ! » A l'autre bout de la ville, dans son palais des Tournelles, Louis XI restait presque seul, toujours méfiant. Aux bourgeois de Saint-Eustache, ou des Innocents, qui venaient le voir en sortant de l'hôtel d'Artois, il disait : « Toi un tel, et toi un tel, vous puez le hareng ; vous êtes bourguignottes ! »

Ce fut la fin des splendeurs de l'hôtel de Bourgogne. Charles le Téméraire, toujours en guerre avec Louis XI, n'y remit jamais les pieds. Sa fille Marie, mariée à Maximilien d'Autriche, perdit tout ce qu'elle possédait en France. Louis XI promit pourtant de lui restituer le château de Conflans, près Charenton ; l'hôtel de Flandre, rue Coquillière, et l'hôtel d'Artois, rue Pavée ; Maximilien en confia la garde à un concierge, Olivier de la Marche, qui les laissa tomber en ruine.

Charles-Quint en était donc encore le légitime propriétaire, quand il fut reçu si fastueusement à Paris par François Ier en 1540 ; mais la bonne entente ne dura pas longtemps entre les deux princes : trois ans plus tard, le roi de France confisqua l'hôtel, et le fit morceler et vendre à la criée. La rue *Françoise* fut percée, du Nord au Sud, sur son emplacement.

L'historien Sauval en vit encore une grande partie vers 1660 : « De grands pignons gothiques rehaussés des armes de Bourgogne et *un pavillon nommé donjon.* » C'est la tour carrée, conservée par miracle jusqu'à nous, et qui montre encore, sculptés au-dessus d'une des baies extérieures, le rabot et le fil à plomb, emblèmes du duc Jean.

Chassés de l'hôpital de la Trinité, puis de l'hôtel de Flandre, les confrères de la Passion, à la recherche d'une salle pour leur théâtre, s'accommodèrent d'une portion des dépendances de l'hôtel de Bourgogne, sur la rue Mauconseil, et la prirent à bail le 18 juillet 1548, à la condition expresse de n'y plus représenter « de mystères sacrés, mais seulement des sujets profanes licites et honnêtes. » Ce fut le berceau de la Comédie Française.

C'est au théâtre de l'Hôtel-de-Bourgogne que furent représentées les premières pièces de Jodelle, Baïf, Alexandre Hardi, Robert Garnier, pour lesquels les artistes de la troupe allaient recruter des spectateurs, au son du tambour, jusqu'au carrefour Saint-Eustache ; c'est là que Molière, encore enfant et demeurant tout près, rue des Vieilles-Étuves-Saint-Honoré, vit jouer Gros-Guillaume, Gautier-Garguille, Turlupin, Jodelet, Bruscambille, Bellerose, Montfleury, et, plus tard, Baron, Poisson, la Béjart, la Champmeslé ; c'est là que fut donné, en 1659, le premier spectacle gratuit, pour fêter la paix des Pyrénées.

J'étais encore très jeune quand je pénétrai pour la première fois dans le donjon de Jean sans Peur, alors caché au fond du jardin d'une maison de la rue Pavée-Saint-Sauveur. Je fus frappé de la beauté sévère des salles ogivales de chaque étage, et surtout du grand escalier ; chaque degré, d'une seule pièce, tourne autour d'une colonne terminée, en guise de chapiteau, par une caisse ronde en pierre, d'où s'échappe un chêne dont le feuillage abondant tapisse les quatre travées en ogive de la voûte. « Monsieur, me dit le concierge qui me conduisait, cette tour *a été bâtie* par saint Vincent de Paul, qui y enseignait le catéchisme. »

Je ris beaucoup de la simplicité du bonhomme ; et c'est moi qui avais tort. Il ne se trompait qu'à demi, et j'aurais dû tenir compte de la tradition qui s'était conservée pieusement de bouche en bouche dans cette maison. En effet, Philippe-Emmanuel de Gondy, général des galères, avait son hôtel rue Pavée au dix-septième siècle ; il avait pris Vincent Depaul pour précepteur de ses enfants, et, très souvent, le saint, s'il n'avait pas bâti la tour, y rassemblait les petits ignorants du quartier. C'est bien là ce qu'avait voulu me dire le brave successeur d'Olivier de la Marche.

XVII

LE VŒU DE MADAME DE MIRAMION

Un commencement d'incendie eut lieu, il y a quelques années, à la Pharmacie Centrale du quai de la Tournelle. Le danger était grand à cause des énormes quantités d'alcool renfermées dans les bâtiments de la pharmacie et dans la maison contiguë, l'hôtel de Nesmond, occupé par la distillerie Joanne et à demi consumé par les flammes peu auparavant.

Cette pharmacie, destinée à approvisionner de médicaments tous les établissements hospitaliers de la Seine, est installée depuis 1882 dans l'ancienne communauté des Miramionnes, dont l'aspect extérieur est resté le même qu'au XVIIe siècle.

Marie Bonneau, riche bourgeoise de Paris, mourut en « mère de l'Église, » quoiqu'elle eût semblé d'abord destinée à n'être qu'une mère de famille. Elle avait épousé, au commencement de la Fronde, un ancêtre du prince Eugène, un conseiller au Parlement, qui, à ce que nous assure Saint-Simon, changea « son sale et ridicule nom » en celui de Beau...harnais, seigneur de Miramion[1]. Il la laissa, au bout de quelques mois, veuve et enceinte d'une fille. Mme de Miramion était sur le point de se remarier avec Caumartin, quand ce fou de Bussy s'avisa un beau jour de l'enlever, au moment où, en compagnie de sa belle-mère, elle revenait d'un pèlerinage au mont Valérien.

1. Je ne sais trop ce que vaut la plaisante assertion de Saint-Simon. Les Beauharnais sont originaires de Bretagne, et l'on en trouve plusieurs dès le XVIe siècle : Guillaume, 1390 ; — Jean, témoin en faveur de Jeanne d'Arc, dans le procès de Rouen ; — Guillaume, député aux États généraux tenus à Orléans, en 1560 ; — François, député du bailliage d'Orléans, aux États généraux tenus à Paris, en 1614.

Bussy, dans ses *Mémoires*, a raconté qu'un moine, confesseur de la belle, lui escroqua la forte somme, en lui persuadant qu'elle était disposée à convoler avec lui en secondes noces, s'il avait l'esprit de l'y obliger ; qu'il la surprit dans le bois de Boulogne et la jeta dans un carrosse. Au milieu de la forêt de Livry, comme la belle-mère faisait le diable, qu'elle s'était emparée d'une épée et qu'elle avait blessé l'un des ravisseurs ; qu'elle poussait les hauts cris et arrachait les portières de cuir, Bussy s'en débarrassa en la faisant déposer le long du chemin, et continua sa route tout d'une traite jusqu'au château de Launay, à trois lieues de Sens. Mais là, cette pauvrette de seize ans — presque une enfant — se révéla tout à coup en femme forte de l'Écriture. En présence de ce qu'il y avait de gens, elle saisit un crucifix, et prononça un vœu éternel de chasteté ! Bussy, déconcerté de cette action, et apprenant, dans le même temps, que toute la noblesse des environs accourait pour l'assiéger, ne songea plus qu'à laisser aller sa proie, et à se mettre lui-même à l'abri des suites d'une telle escapade.

Ce serment solennel, prononcé dans de si étranges circonstances, Mme de Miramion le tint toute sa vie. Elle fit mieux, elle consacra désormais son existence et sa grande fortune aux œuvres de la charité la plus intelligente et la mieux ordonnée. Elle acheta, sur le quai de la Tournelle, la maison du financier Martin[1] et y fonda la communauté séculière des Filles de Sainte-Geneviève, que le peuple appela les *Miramionnes*. Les dames qui s'y agrégeaient ne faisaient que des vœux simples, sans prise d'habit, sans s'astreindre aux stériles rigueurs du cloître ; elles soignaient les malades, leur fournissaient des remèdes ; formaient des maîtresses d'école pour la campagne, et donnaient l'enseignement primaire à plus de trois cents petites filles externes.

La bienfaisance de Mme de Miramion se signala surtout pendant la disette de 1670. Pour soulager les affamés, elle n'hésita pas à vendre sa vaisselle d'argent et un collier de vingt-quatre mille livres ; elle ouvrit l'hôpital Saint-Louis pour alléger l'Hôtel-Dieu, où il y avait douze malades par lit ; elle fit venir d'énormes pro-

1. Située sur le quai de la Tournelle, à côté de l'hôtel de Nesmond. C'est aujourd'hui la Pharmacie Centrale.

visions de riz, distribua jusqu'à six mille soupes par jour, et entretint, pendant plus d'un an, sept cents jeunes filles que les administrateurs de l'Hôpital Général avaient été obligés de renvoyer, faute de ressources.

Elle fut la plus zélée coopératrice de Vincent Depaul; elle eut l'amitié de Saint-Simon, du prince de Conti, du chancelier Le Tellier, de Mme de Maintenon, de la duchesse d'Aiguillon, du président de Lamoignon, et l'estime du Roi, qui l'invita — honneur suprême — à l'une de ces représentations d'*Esther* « où il n'y eût ni petit ni grand qui ne voulût aller ; » dont Mme de Coulanges fut si charmée qu'elle écrivait à Mme de Grignan : « Ce n'est pas une affaire de venir de Grignan coucher à Versailles (150 lieues !) pour y entendre les filles de Saint-Cyr, faites exprès pour jouer les rôles des rois et des personnages ; » où Mme de Sévigné montrait « une attention qui fut remarquée, avec de certaines louanges sourdes et bien placées, qui n'étaient peut-être pas sous les fontanges de toutes les dames. »

Mme de Miramion n'était plus alors la belle jeune fille qui avait inspiré une si folle passion à Bussy ; elle le vit mourir, en 1693, et elle-même, minée depuis vingt-six ans par les affreuses douleurs d'un cancer au sein, succomba, à l'âge de soixante-sept ans, le 24 mars 1696. Elle voulut être enterrée, au milieu des pauvres, dans le cimetière de sa paroisse, Saint-Nicolas-du-Chardonnet.

Entre la Pharmacie Centrale et la rue des Bernardins, on voit encore aujourd'hui l'un des plus anciens hôtels de Paris. Reconstruit à la fin du XVIe siècle, et bien transformé, il n'offre plus aux yeux qu'une construction assez lourde, entre cour et jardin, avec deux pavillons écrasés sous leurs combles élevés, et une large porte en façade sur le quai.

Ce fut le séjour des abbés de Tiron, puis de Robert de Mahaud, grand panetier de Philippe le Bel. Pendant leur occupation de la capitale, les Anglais le confisquèrent, en 1423, sur les ducs de Bar, restés fidèles à Charles VII, au profit d'un des plus odieux traîtres à la Patrie, Jacques de Montberon, seigneur d'Azay-le-Rideau.

René d'Anjou, héritier des ducs de Bar, en reprit possession après la restauration de Charles VII, et en fit don, moyennant cinq sous par an de redevance, à un clerc de la Chambre des Comptes, Gilles Dorin, dont la femme Perrette, *lavandière* de Louis XI, passait pour être... autre chose que sa lavandière ! N'est-ce pas à cause d'elle que les Parisiens, toujours peu respectueux du pouvoir, avaient instruit pies, geais et corbeaux à siffler aux oreilles du roi, joué par Charles le Téméraire : « *Péronne, Péronne ! Larron, va dehors, va dehors, Perrette !* »

En 1588, le comte de Stafford, ambassadeur d'Angleterre, y

demeurait avec sa nombreuse suite, et sut garder une attitude très ferme envers les Ligueurs, après la Journée des Barricades. Comme Brissac, qui lui était envoyé par le duc de Guise, cherchait à l'effrayer de la colère de la populace contre les protestants anglais et leur reine Élisabeth, et lui conseillait de fermer les portes de son hôtel : « Je ne dois pas le faire, répondit Stafford. La maison d'un ambassadeur doit estre ouverte à tous allans et venans, joint que je ne suis pas en France pour demeurer à Paris seulement, mais près du roi de France, où qu'il soit ! »

FAÇADE DE L'HÔTEL DE NESMOND, SUR LE QUAI DE LA TOURNELLE (état actuel).

Le président de Nesmond acheta l'hôtel sous le règne de Louis XIV, et, devenu ainsi le proche voisin de Mme de Miramion, il épousa, en 1661, la fille qu'elle avait eue de son mariage éphémère. « Elle ressemblait peu à sa mère, dit Saint-Simon : c'était une créature aigre, suffisante, altière, et dont le maintien la découvrait pleinement. Une fois veuve, elle se fit dévote en titre d'office et d'orgueil, sans quitter le monde qu'autant qu'il fallut pour se relever sans s'ennuyer. Ce fut la première femme de son état qui ait fait écrire sur sa porte : *Hôtel de Nesmond*. On en rit, on s'en scandalisa, mais l'écriteau demeura et est devenu l'exemple et le père de ceux qui, de toute espèce, ont peu à peu inondé Paris. »

L'écriteau, un peu modifié, est devenu une enseigne, et on

lit aujourd'hui, en belles capitales, au-dessus de l'entrée de la distillerie Joanne :

HÔTEL CI-DEVANT DE NESMOND.

L'intarissable Saint-Simon nous parle aussi d'un François de Nesmond, évêque de Bayeux, qui mourut doyen de l'épiscopat, à quatre-vingt-six ans, le 16 juin 1715. « C'était, dit-il, un de ces vrais saints qui attirent, malgré eux, une vénération qu'on ne peut leur refuser, et dont la simplicité donne à tous les moments à rire. » Le bon prélat reprocha un jour assez vivement à l'un de ses curés d'avoir été à une noce. Le prêtre allégua l'exemple de Notre-Seigneur Jésus-Christ aux noces de Cana. « Voyez-vous, monsieur le curé, répliqua l'évêque, eh bien ! là, tout à fait entre nous, voulez-vous que je vous le dise ?... Ce n'est pas ce qu'il a fait de mieux ! »

XVIII

LES PRÉDICATEURS DU TEMPS JADIS

Nous sommes bien loin du temps où les prédicateurs des paroisses et des couvents de Paris remuaient à leur gré les foules, et où le Parlement, le prévôt, le roi lui-même étaient obligés de compter avec eux. Les curés de Saint-Eustache, de Saint-Séverin, de Saint-Jean-en-Grève, de Saint-Germain-l'Auxerrois, de Saint-Jacques-la-Boucherie, de Saint-Paul, de Saint-Merri, de Saint-André-des-Arts, des Saints-Innocents ; les Jacobins, les Cordeliers, les Carmes, les Augustins, étaient de redoutables personnages, et je me borne à parler surtout de ceux du xve siècle.

Qui croirait qu'un pauvre cordelier, Antoine Fradin, ait pu tenir en échec le pouvoir du peu patient Louis XI ? Au printemps de 1478, ce moine passionnait le peuple par ses sermons ; les femmes renonçaient à leur vie mondaine ; quelques hommes se convertissaient ; le succès le grisa. Après avoir flétri les mauvaises mœurs des petites gens, il osa s'attaquer aux grands, aux princes et au roi lui-même. Celui-ci, qui toujours savait tout, voyait tout, entendait tout, s'inquiéta et lui dépêcha immédiatement le barbier-diplomate Olivier Le Dain, avec ordre de lui imposer silence ; mais, sur le seul soupçon qu'on voulait enlever son prédicateur favori, une multitude furieuse veilla nuit et jour aux alentours des Cordeliers ; les hommes s'armaient de bâtons, et les femmes de pierres qu'elles cachaient sous leurs jupes.

Le prévôt de Paris fit crier à son de trompe que les attroupements seraient dispersés, et *recommanda aux maris*, sous peine de confiscation de corps et de biens, *de retenir leurs femmes au logis*. Autant valait défendre à la Seine de couler! Il fallut en venir au bannissement d'Antoine Fradin, mais on ne put empêcher tout un troupeau de femmes éplorées de conduire au loin dans la campagne cette intéressante victime d'une trop grande popularité.

NICHE RENFERMANT LE « BON DIEU » DE L'ANCIENNE CHAPELLE DU CHARNIER DES INNOCENTS.

Malgré cet engouement, un peu de ruse était quelquefois nécessaire pour réchauffer le zèle des fidèles, remplir la nef et les bas-côtés, et faire église comble. Souvent, le samedi soir, le chef de la sacristie faisait adroitement courir le bruit que le lendemain, après le prône, M. le curé nommerait et excommunierait deux notaires voleurs, deux usuriers, deux maris débauchés et deux femmes trompeuses!

Il ne manquait alors personne à la grand'messe. Parisiens et Parisiennes s'étouffaient au pied de ces chaires où le français et le latin, bizarrement mêlés, bravaient l'honnêteté par respect pour la morale. La périphrase était inconnue à l'éloquence endiablée, grotesque, grossière mais courageuse, des Maillard, des Ménot, des Jean Clairée, de Raulin, de Guillaume Pépin, les Lacordaire et les Ravignan de ces temps peu difficiles.

Ils appellent leurs auditeurs et leurs auditrices: *gaudisseurs*, *ribauds*, *cornus*, *godons*, *sottes*, *ribaudes*, *mérétrices*, *gorières*... Et j'en passe!

« Est-ce chose sainte que la royauté ? crie Guillaume Pépin. Qui l'a faite?... Le diable, le peuple et Dieu : Dieu, parce que rien ne se fait sans son bon vouloir ; le diable, parce qu'il a soufflé l'ambition et l'orgueil au cœur de certains hommes ; le peuple,

Chaire du couvent des Carmes.

parce qu'il s'est prêté à la servitude, et qu'il a donné son sang, sa force, sa substance, pour se forger un joug ! ».

Olivier Maillard ne se gêne pas davantage. Le roi lui fait dire, par un de ses coureurs, qu'il le fera coudre en un sac et jeter à la rivière : « Va dire à ton maître, riposte le moine, que j'arriverai plus tôt en paradis, par eau, que lui avec ses chevaux de poste ! »

Le cordelier Ménot, que le peuple appelle *Langue d'or*, apostrophe ainsi la plus charmante moitié de l'assistance : « Quoi! voici bientôt neuf heures, Mesdames, et vous êtes encore au lit!... On aurait plus vite fait la litière d'une écurie de quarante chevaux, que d'attendre que toutes vos épingles soient mises ; et puis, quand vous arrivez, vous êtes toutes *desbrallées !* »

Mais le maître inimitable en ce genre, leur maître à tous, c'est Olivier Maillard. Quand on sait qu'il doit prêcher, l'église Saint-Jean-en-Grève est pleine avant le jour. Lui, sans aucune gêne, commence par mettre son public en gaieté ; sûr d'avance de son effet, il lui *chante* « des bergeronnettes, » car on ajustait les paroles de la messe ou des psaumes sur les airs des chansons à la mode : *Missa*, sur l'air : *Quand Madelon va seulette*. — *Cantique*, sur l'air : *Videz vos flacons*. Il aborde ensuite les sujets sérieux. Aux gens de négoce :

« Marchans de vin, ne vendez-vous pas du vin de votre cru pour du vin d'Anjou ? Marchans de drap, ne vendez-vous pas du drap humide pour du drap sec? Vous, la mercière, lorsque vous pesez, ne donnez-vous pas un coup de pouce sur un des bassins de la balance ? » — Aux magistrats et aux avocats : « Au lieu d'acheter des charges de judicatures à vos grands benêts de fils, vous feriez mieux de leur faire garder les bœufs et les cochons! » — Aux femmes : « Vous vous fardez le visage ; vous portez des perruques jaunes faites avec les crins d'un cheval ; la queue de vos robes balaie la boue de nos rues ! Eh! vous, madame l'avocate, qui n'avez pas dix francs de revenu, comment faites-vous pour vous habiller comme une princesse, de l'or au cou, à la tête et à la ceinture? » — Aux prêtres et aux moines : « Vous possédez deux, trois et même quatre bénéfices ; vous faites commerce de reliques et de rogatons ; vous avez plus de mille messes suspendues au croc, et vous ne pouvez les dire ; vous vendez les sacrements! — Messieurs les prélats, vous envahissez les biens des pauvres dans les hôpitaux, vous employez les biens de l'Église à l'entretien de vos oiseaux, de vos chiens de chasse et des pourvoyeurs de vos débauches. Croyez-vous que le Christ soit venu en ce monde pour y être cardinal, évêque ou abbé? — Religieux, vous scandalisez vos

La procession de la Ligue,
d'après une estampe du musée Carnavalet.

novices par votre mauvaise conduite ; je connais l'un de vous qui tient un cabaret dans la rue Culdepet ; *il ne peut pas dire non : je le vois là-bas qui se cache derrière Guillaume Prendgage !* Ah ! si les piliers de cette église Saint-Jean avaient des yeux pour voir ce qui s'y passe, des oreilles pour entendre ! que diraient-ils ? Parisiens, il y a en enfer quarante mille prêtres, autant de moines, autant de marchans, autant de fillettes, autant de riches, et ils n'ont pas autant que vous mérité d'y être ! »

Jean Raulin ne dédaigne pas de conter des historiettes : « — J'ai envie d'épouser mon serviteur, dit une veuve, en confession. — Mariez-vous, répond le curé. — Mais, je crains qu'il ne devienne vite mon maître. — Ne vous mariez pas. — Mais j'ai besoin d'un homme habile dans ma maison. — Prenez-le. — Oui, mais s'il me ruine ! — Ne le prenez pas. » — Fatigué, le bon curé conseille à la veuve d'écouter ce que diront les cloches. Elle entend très distinctement : *Prends donc ton valet, prends donc ton valet !* et elle se marie. Le serviteur, devenu maître, commence par la rouer de coups. Elle se plaint au curé : — Vous aurez mal écouté les cloches, réplique-t-il ; écoutez-les mieux. — Et cette fois la pauvre femme désamourée entend aussi distinctement que la première : *N' prends pas ton valet, n' prends pas ton valet !* »

L'anecdote n'était pas neuve, même du temps de Raulin ; elle servira plus tard à Rabelais et ensuite à Scarron qui applique le son des cloches à la plus triste aventure du pauvre Ragotin.

Au commencement du XVIIe siècle, le public des églises était loin de se montrer aussi recueilli que l'est généralement celui de nos jours. « C'était une presse à mourir, » un bruit continuel de conversations, un manque de tenue dont les ecclésiastiques se plaignaient amèrement : « Pourquoi, dit le P. Lingendes, les dames viennent-elles dans le saint lieu parées et ajustées de manière à tourner sur elles tous les regards : sein dévoilé, épaules nues, bras découverts, le visage coloré de fard, les cheveux frisés et poudrés ? » Les magistrats furent obligés de défendre « aux laquais et aux mendiants, d'y jouer aux dés, de s'y promener, d'y râper du tabac, de s'y battre et s'y injurier ; aux personnes dépravées, de caqueter, rire et folâtrer au pied des autels, jusqu'à donner distraction aux prêtres. »

Deux « libertins » célèbres, le poète Des Barreaux et le peintre Daniel du Moustier, se faisaient un malin plaisir, pendant le carême de 1626, de venir à l'église Saint-Louis-des-Jésuites de la rue Saint-Antoine, et « d'y affliger de mille manières les P. Cotton, Garasse et Ignace Armand. Ils se plaçaient au bas de la chaire avec de nombreux amis, et faisaient remettre au prédicateur des billets impudiques. » Si celui-ci avait la simplicité de les ouvrir, ils s'ébaudissaient de son embarras et lui faisaient perdre contenance par leurs plaisanteries.

J'ajoute en terminant que le prédicateur était quelquefois le premier coupable, et qu'il provoquait les incidents par d'étranges allusions. Tel l'évêque de Bellèy, Pierre Camus, qui, prêchant le Vendredi saint, à Saint-Louis[1], et ayant en face de lui Gaston d'Orléans, placé au banc d'œuvre sous le crucifix, s'écria à plusieurs reprises :

« *Ah ! Mon Seigneur, je vous vois, j'ai la douleur de vous voir entre les deux larrons !* » Le prince eut de l'esprit ce jour-là : il se leva, ôta son chapeau et salua profondément les deux financiers, d'Émery et Monnerot, qui étaient assis à sa droite et à sa gauche.

1. L'église de la Maison professe de la rue Saint-Antoine, aujourd'hui église Saint-Paul-Saint-Louis.

XIX

« DORMEZ, BOURGEOIS ! DORMEZ TRANQUILLES ! »

C'EST le cri qu'il y a encore quelques années un fonctionnaire, appointé pour cette utile besogne, avait mandat de psalmodier, d'heure en heure, du haut de la cathédrale de Chartres ; c'est le cri qu'au treizième siècle le veilleur de nuit, juché sur le fanal du cimetière des Innocents, faisait retentir d'un ton lamentable aux oreilles des Parisiens.

Ce conseil est bon... mais difficile à goûter, je le reconnais, pour d'infortunés locataires et propriétaires, qui « n'ont pas confiance » depuis qu'ils sont soumis à l'*influenza* des explosifs. J'ai pensé pourtant pouvoir les consoler, ou tout au moins les distraire de leurs calamités présentes, en leur racontant celles « du bon vieux temps. »

On se tromperait fort, en effet, si l'on s'imaginait que les émotions terribles causées par les attentats contre les personnes et les propriétés, étaient moins fréquentes alors qu'aujourd'hui. J'ai hâte de laisser au lecteur le soin de comparer et de conclure.

Que dites-vous de l'audace de quelques malandrins qui, cantonnés dans le château de Chevreuse, s'en vinrent tout d'une traite jusqu'à Paris, le matin « de la Tiphaine » de 1438 ; franchirent le fossé, forcèrent la porte Saint-Jacques[1] en plein midi, tuèrent un sergent, volèrent tout ce qui tomba sous leurs mains, et *emmenèrent prisonniers le portier et le poste,* en criant : « *Où est votre roy ? est-il mucé ?*[2] »

1. A l'angle sud de la rue Soufflot et de la rue Saint-Jacques.
2. Vieux mot qui signifie caché : « Tel cuyde estre bien *mussé*, qui de tous les costés est veu. »

En ce même hiver, les loups entraient dans la ville sur les glaçons que charriait la Seine, et, une nuit, ils mangèrent un enfant, au cœur de Paris, près les Halles. Un de ces loups, nommé *Courtaut* parce qu'il avait perdu sa queue en la bataille, fut pris et promené à travers les rues dans une brouette, la gueule ouverte par un bâton, à la grande joie des badauds, « qui laissoient toutes choses, fust boire, fust manger, pour l'aller veoir. »

Vous m'objecterez peut-être que je choisis mes preuves, précisément au moment de la plus grande détresse de la capitale, après la chute de la domination anglaise! Passons donc, je le veux bien, à une époque brillante entre toutes, à ce qu'on est convenu d'appeler un grand règne, celui de François Ier. Les crimes de droit commun fourmillent :

Le 21 avril 1530, un prêtre, Pierre du Poncet, assassine au *Collège d'Autun*, rue Saint-André-des-Arts, son excellent confrère et ami le curé de Méru. On le revêt d'une casaque rouge; on lui taillade les cheveux, *comme à un fou*; on le coiffe d'un bonnet rouge, orné d'un bouquet de sainfoin, et on le traîne sur la claie jusqu'à la Grève, où on le brûle vif, après lui avoir au préalable coupé la main. Cette main fut battue de verges et clouée, *pour le bon exemple*, à une potence devant le dit collège. — En 1548, Jacqueline Pécate est brûlée pour mauvaises mœurs! — Même année, Pierre Phélipot, maître-tapissier, convaincu d'avoir épousé deux femmes, est condamné à être fustigé tout nu, ayant deux quenouilles de chaque côté, et à faire cinq ans de galère. — 1555, Laurent Constant, accusé d'avoir tué son épouse, est condamné à avoir le poing coupé, puis à être brûlé vif. — 1559, Odet Tarqueix, pour avoir machiné la mort de son père, est condamné à « estre tenaillé de fers chauds, puis rompu vif, et après estre mis sur la roue pour y expirer, et ensuite estre brûlé et ses cendres jetées au vent, » etc., etc., etc.

Oyez ce que des malandrins surent tenter et accomplir le 14 septembre 1515 : ils s'attaquèrent à leur ennemi personnel, le bourreau; ils le surprirent dans le pilori des Halles, au moment où cet homme, inconscient et imprévoyant, graissait tranquillement les rouages de son odieuse machine, et, se faisant justiciers

Hôtel des Prévôts de Paris,
Rue Charlemagne, en face la rue du Fauconnier.

à leur tour, ils l'y grillèrent tout vif, sans débats contradictoires.

En 1527, une terreur folle règne dans Paris. Le bruit court que ce traître de connétable de Bourbon — nouveau Catilina — va mettre le feu aux quatre coins de la ville. On fait le guet toutes les nuits ; on bouche les soupiraux des caves ; on défend de recevoir personne dans les hôtelleries après neuf heures du soir ; on arrête les vagabonds ; on pend « tout plein de *boufeteux* » qui se maquillent et portent « de grandes barbes postiches. » Le cardinal du Bellay, gouverneur de Paris, et le prévôt des marchands, Jean Tronson, perdent la tête, se réfugient dans leurs logis de la rue Bailleul et de la rue de l'Arbre-Sec, et y font venir de l'artillerie pour s'y défendre.

Mais vous figurez-vous M. Faure, réduit à téléphoner à M. Lépine qu'il n'est plus en sûreté à l'Élysée, et que les voleurs y entrent comme dans un moulin ?... C'est pourtant l'exacte situation de François Ier — la communication téléphonique en moins ! Lisez plutôt : « Le 7 janvier 1533, le seigneur de La Mothe-au-Groing, prévôt de l'Hôtel, vient se plaindre au Parlement que des gens incongnuz, en diverses troupes et bandes, ont pris audace d'entrer *jusques en la chambre du Roy au Louvre*, et que plusieurs sont armez soubz leurs cappes. Il demande aide et protection aux magistrats ! »

Dans la voie des machines infernales, l'Angleterre nous a devancés, en 1605, par la *Conspiration des poudres*, qui devait faire sauter le roi Jacques, sa famille, ses ministres, les membres des deux Chambres, et qui ne fit sauter que les trop ingénieux instigateurs de ce noir complot, les jésuites Garnet et Oldcorn. Les misérables auteurs de ces massacres entretiennent tous évidemment le ferme espoir de sacrifier la vie d'autrui et de sauver la leur. Préoccupés avant tout de prendre la poudre d'escampette, ils frappent dans le tas, mutilent des innocents, laissent le plus souvent échapper ceux qu'ils prétendaient atteindre, et finalement se font pincer eux-mêmes. Leur lâcheté est leur stigmate éternel.

Tels, ceux qui débutèrent chez nous, rue Saint-Nicaise, en 1800, firent périr vingt personnes, en blessèrent cinquante, et manquèrent le Premier Consul ! Tels, Fieschi, Pépin, Morey, qui en tuent douze, en blessent quarante, et manquent le roi Louis-Philippe ! Tels, Orsini, Rudio, Gomez, Pierri, organisateurs d'une véritable hécatombe : huit morts et cent cinquante blessés ! Naturellement, ils manquent Napoléon III.

En vérité, ces implacables meurtriers aux vastes conceptions, en taillant ainsi dans le grand, nous raccommoderaient presque

Attentat de Fieschi contre Louis-Philippe (28 mars 1835).

avec les modestes assassins, les Jacques Clément, les Châtel, les Ravaillac, les Damiens, qui, eux, se contentaient de ne faire qu'une victime à la fois, et, en honnêtes et consciencieux fanatiques qu'ils étaient, ne songèrent jamais un instant à faire banqueroute au bourreau.

Parlez-moi du brave Breton Georges Cadoudal. En vrai descendant des preux du temps de Montfort, il souhaitait la bataille en pleine lumière, celui-là ! et paya de sa tête un projet qui n'avait pas même reçu un commencement d'exécution, et qu'il lui eût été bien facile de nier! Arrêté en cabriolet, rue de Condé, dans la soirée du 9 mars 1804, et conduit devant ses juges, il leur dit fièrement : « Je voulais mettre Louis XVIII à la place de Bonaparte, que j'aurais provoqué en plein jour, à armes égales. Mon escorte aurait de même provoqué la sienne. Cela n'eût pas été un assassinat, mais un duel, comme le combat des Trente! » Il refusa de signer le recours en grâce qu'on lui offrait. Le 25 juin, trois charrettes l'amenèrent, avec ses onze complices, de la Conciergerie à l'échafaud de la place de la Grève. Ils poussèrent tous avant de mourir le cri de : *Vive le Roi!* auquel les soldats de garde répondirent par celui de : *Vive l'Empereur!*

XX

LA STATUE DE BEAUMARCHAIS

Par un arrêté du 22 janvier 1831, M. de Montalivet, ministre de l'Intérieur, donna au boulevard Saint-Antoine le nom de Beaumarchais.

Sous le même vocable, fut inauguré, en 1834, le théâtre situé à côté de l'ancien jardin de Ninon de l'Enclos. Un buste du patron surmontait la façade; il fut brisé il y a quelques années par la maladresse des ouvriers occupés au ravalement.

La Ville de Paris a décidé que Beaumarchais aurait mieux qu'un buste, une statue. Le jury a accordé le prix à l'œuvre de M. Clausade. Le grand écrivain est représenté dans une attitude méditative très naturelle, les bras croisés; de la main gauche, il tient une longue canne; l'ensemble a de la franchise, de l'originalité et de l'ampleur.

J'ai demandé que cette statue fût érigée non point en face de la rue Saint-Gilles, mais sur le refuge placé rue Saint-Antoine, à l'extrémité de la rue des Tournelles. J'aimerais à la voir en cet endroit, à deux pas du magnifique logis qu'il s'était fait construire et où il est mort; bien en face de l'entrée de la prison d'Etat que, plus que tout autre, il a contribué à renverser. « Si je laissais jouer le *Mariage de Figaro*, disait le pauvre Louis XVI, prophète inconscient, il faudrait démolir la Bastille! » Si le roi, mieux inspiré, eût écouté de sages avertissements, s'il eût pris l'initiative d'abolir la peine de mort, de supprimer les lettres de cachet, d'aider franchement le Tiers à conquérir sa place au soleil, les causes étant supprimées la Révolution n'avait plus de raison d'être !

Pierre-Augustin Caron de Beaumarchais, dans son existence étrange, bruyante, romanesque et agitée, n'a guère quitté cette région de Paris. Il est né, le 24 janvier 1732, dans une haute et étroite maison de la rue Saint-Denis, en face du cimetière des Innocents, contiguë à celle du *Chat Noir*, où devait naître Eugène Scribe, en 1791. Près de là, avaient vu le jour, au dix-septième siècle : Molière, rue Saint-Honoré ; Regnard, sous les piliers, au coin de la rue Pirouette. Ainsi quatre auteurs dramatiques — toutes proportions gardées entre eux — sont des enfants des Halles.

BEAUMARCHAIS.

Le père de Beaumarchais, André Caron, était un habile maître-horloger, capable de bien élever une nombreuse famille, car il eut dix enfants de son premier mariage. Il n'en prit pas moins une seconde femme à l'âge de soixante-neuf ans ; une troisième, à soixante-douze ans ; il mourut rue des Cinq-Diamants et fut inhumé, en 1775, à Saint-Jacques-de-la-Boucherie, au moment où il accomplissait sa soixante-dix-neuvième année.

Le fils poussa la « matrimonomanie » jusqu'au même point. Il se maria trois fois et, comme ses deux premières femmes étaient des veuves plus âgées que lui, et qui moururent tôt, ses ennemis ne manquèrent pas d'affirmer qu'il les avait empoisonnées. Examinons rapidement la genèse de la prodigieuse fortune qu'il sut amasser, et qui lui suscita tant d'envieux.

Son coup d'essai fut un coup de maître dans son art : l'invention d'un échappement d'horloge qui lui valut son premier procès et un jugement favorable de l'Académie des Sciences ; mais ce jeune homme, spirituel, de haute stature, bien pris dans toute sa personne — et qui ne le savait que trop, — étouffait dans la boutique paternelle. Il était musicien ; il jouait très agréablement de la flûte, de la guitare et de la harpe ; il parvint, je ne sais comment, à se faire inviter aux concerts de Mesdames Victoire et Adélaïde, filles du roi, et jouit bientôt du plus grand crédit auprès d'elles.

Il achète une charge de contrôleur, qui lui donne rang à la cour, et plus tard celle beaucoup plus importante de « lieutenant général des chasses au bailliage et capitainerie de la varenne du Louvre. » Le voilà magistrat, et, comme il le dit lui-même, « noble, moyennant une bonne quittance. » Il se fait appeler M. de Beaumarchais, ce qui sonne bien. Il rend le plus grand des services au financier Pâris-Duverney, le fondateur de l'École Militaire, en persuadant aux princesses, et, par suite, au roi, de venir visiter le nouvel établissement du champ de Mars. Le vieux Duverney se montra reconnaissant envers son jeune ami, lui avança des capitaux, et l'associa à ses entreprises les plus fructueuses.

Dès lors, c'est l'homme le plus affairé de la terre ; il compose des chansons, des comédies, des opéras ; il soutient trois ou quatre procès à la fois ; il rédige, pour se défendre, des *Mémoires* qui passionnent la foule ; il fait le commerce dans les quatre parties du monde, traite, de puissance à puissance, avec les « Insurgents » des États-Unis ; il équipe quarante vaisseaux pour leur fournir des fusils, et il fait combattre « sa marine » à côté de celle du roi de France, à la bataille de la Grenade.

Quels assauts il supporte ! Le comte de la Blache, légataire universel de Duverney, lui conteste une misérable créance de 15,000 livres. C'est Beaumarchais qui gagne définitivement, mais il avait été forcé de donner divers pots-de-vin à Mme Gœzman, la digne épouse du conseiller au Parlement Maupeou, rapporteur de son affaire. Il réclame à la dame quinze louis, et la fait condamner, le 26 février 1774, à comparaître à genoux devant la Cour, à payer 3 francs d'amende, et à restituer les quinze louis, « pour être appliqués au pain des pauvres prisonniers de la Conciergerie. » Quant à lui, il est « blâmé » par le Parlement, pour avoir tenté de corrompre la femme d'un juge, mais l'opinion l'absout ; tout Paris se fait inscrire chez « le citoyen Beaumarchais, » et le prince de Conti, pour mieux protester contre l'iniquité de l'arrêt, l'invite

Maison de Beaumarchais. (Gravure du musée Carnavalet.)

à dîner, le même jour, à son grand-prieuré du Temple.

Sur ces entrefaites, à propos d'une rivalité intime, il avait eu à subir les « *fureurs crochetorales,* » les voies de fait d'un grand seigneur, à moitié fou, qui se conduisait en portefaix, le duc de Chaulnes. Comme celui-ci était « né, » il fut envoyé à Vincennes. Le battu, qui n'avait pas « l'honneur d'être né, » ne fut enfermé qu'au For-l'Évêque, où il resta deux mois et demi.

De même que Molière pour le *Tartufe*, Beaumarchais eut plus de peine à faire représenter le *Mariage de Figaro* qu'à l'écrire. Quatre années de luttes opiniâtres, pendant lesquelles il le fit monter à ses frais au théâtre des *Menus* de la rue Bergère ! On s'arrachait les billets ; six cents voitures y défilaient un matin, quand un ordre du ministre les fit rétrograder. Enfin la première représentation eut lieu aux Français, le 27 avril 1784, et les amateurs les plus enragés couchèrent la veille à la Comédie, pour être plus sûrs d'avoir une place. Au milieu de l'enivrement de cet immense succès, l'auteur fut rappelé brutalement aux amertumes de la vie, et incarcéré à Saint-Lazare, prison dont le nom seul était un opprobre. Il n'y resta que trois jours, tant l'indignation publique éclata contre une mesure si révoltante. « La Nation commençait à juger les juges ! »

Au moment de la prise de la Bastille, Beaumarchais, marié depuis douze ans à la plus charmante des femmes, père d'une fille qu'il adorait, Amélie-Eugénie, se reposait un instant sur ses lauriers en se faisant bâtir une superbe habitation dans le triangle borné aujourd'hui par la rue Amelot, la rue Daval et la rue de la Roquette. Le devis primitif de 300,000 francs s'éleva bientôt à près de deux millions. Il est vrai qu'il s'était plu à en faire ce qu'on appelait alors « *une Folie* » : immense cour circulaire ; au centre, un rocher surmonté de la statue du *Gladiateur*, maison en hémicycle, colonnades, parquets en mosaïque, meubles de marqueterie, tableaux d'Hubert Robert et de Vernet ; salon circulaire à coupole élevée de trente pieds ; jardin très mouvementé pour en augmenter l'étendue apparente ; pièce d'eau, cascade, pont chinois ; temple surmonté d'une sphère — qu'une énorme plume-girouette faisait tourner au gré du vent ; et partout des inscriptions : *A Voltaire. — Erexi templum à Bacchus amicisque gourmandibus. — Ce petit jardin fut planté l'an premier de la Liberté.* Au Nord-Ouest, à l'angle de la rue Daval, tout près de l'endroit où le restaurant Barrallon reçoit aujourd'hui quelques érudits gourmets, une porte basse et cintrée, ornée de deux bas-reliefs de Jean Goujon, provenant de l'ancienne porte Saint-Antoine, conduisait par une allée souterraine au centre du jardin.

Ce fut un engouement général ; il n'y eut pas de Parisien qui ne se crût tenu d'aller voir le jardin de Beaumarchais. Il y reçut un jour le duc d'Orléans ; Mirabeau y vint prendre une collation dans le temple de Bacchus, avec Sieyès et quelques députés ; mais cette maison, trop belle, devint pour lui un titre de proscription. Sa situation, si rapprochée du terrible faubourg Antoine, était un danger de plus. En août 1792, accusé de cacher des armes « dans ses souterrains, » il fut forcé de se sauver chez un voisin, pendant que les femmes du port Saint-Paul fouillaient tout, sondaient les murs, piochaient le sol ; elles ne trouvèrent rien de suspect, mais n'emportèrent pas le plus petit objet ! Il n'en fut pas moins enfermé à l'Abbaye. Manuel, quoique son ennemi personnel, l'en fit sortir. Réfugié à Hambourg, tandis que sa femme et sa fille étaient prisonnières à Port-Royal, cet homme qui avait remué tant de millions écrivait : « Je suis si misérable que j'éteins une allumette et que je la garde pour m'en servir une seconde fois. »

Il ne revint chez lui qu'en 1796, malade, frappé de surdité, mais toujours énergique, luttant encore pour reconstituer les débris de sa fortune. Il eut le temps de marier sa fille à M. Delarue, ancien aide de camp de La Fayette, et s'éteignit doucement au milieu des siens, le 19 mai 1799, âgé de soixante-sept ans.

Sur un plan très curieux de sa propriété, on lit : *Salle verte où est le tombeau.* Il avait disposé en effet, dans une des plus sombres allées, un bosquet destiné à ombrager sa tombe. C'est là que son gendre, ses parents, ses amis lui rendirent les derniers devoirs, et que le bon Collin d'Harleville prononça les paroles d'adieu.

Il s'était bien trompé, s'il avait cru reposer là longtemps. Sa maison fut expropriée, en 1818, pour le percement du canal

Saint-Martin, et son corps fut transporté au Père-La Chaize, où, par un hasard singulier, il est aussi rapproché de Scribe que l'avaient été leurs berceaux.

Pour tous ceux qui l'ont bien connu, Beaumarchais, — que La Harpe appelle « un composé de singularités très remarquables » — a laissé la réputation du meilleur des hommes et du plus généreux des amis. Il a été de plus un hardi penseur, et, dans un siècle où

FUNÉRAILLES DE BEAUMARCHAIS DANS SON JARDIN, d'après une estampe du musée Carnavalet.

la sujétion était encore si grande, la séparation des castes si profonde, il a toujours montré la plus noble indépendance envers ceux qu'on appelait « les Grands. »

Il écrit au duc de Villequier qui lui demandait une loge « pour des femmes qui voulaient voir *Figaro* sans être vues : »

« Je n'ai nulle considération, monsieur le duc, pour des
» femmes qui se permettent de voir un spectacle qu'elles jugent
» malhonnête. J'ai donné ma pièce au public pour l'amuser et pour
» l'instruire, non pour offrir à des bégueules le plaisir d'en penser
» du bien en secret, à la condition d'en dire du mal en société. Il

» faut avouer ma pièce ou la fuir. Je vous salue, monsieur le duc,
» et je garde ma loge. »

Sondant l'avenir d'un coup d'œil sûr, il écrit magnifiquement dans un de ses *Mémoires*, à la date de 1774 :

« Je suis un citoyen, c'est-à-dire je ne suis ni un courtisan, ni
» un abbé, ni un gentilhomme, ni un financier, ni rien de ce qu'on
» appelle puissance aujourd'hui. Je suis un citoyen, c'est-à-dire
» quelque chose de tout nouveau, quelque chose d'inconnu, d'inouï
» en France ; ce que vous devriez être depuis deux cents ans, ce
» que vous serez dans vingt ans peut-être ! »

Ce sont ces dernières lignes qu'il faudra graver sur le piédestal de la statue que nous attendons [1] !

1. Après plusieurs années de retards et de singulières hésitations, la statue de Beaumarchais a été enfin inaugurée — plus que discrètement — rue Saint-Antoine, en face la rue des Tournelles, le dimanche 16 mai 1897. — Remarquables discours de MM. John Labusquière et Eugène Lintilhac.

XXI

ASSASSINATS PASSIONNELS AU XVIe SIÈCLE

La mort violente du roi Henri II, le 10 juillet 1559, s'accomplit au milieu de circonstances tragiques qui laissèrent place à bien des soupçons. Les derniers actes du drame n'eurent leur dénouement que longtemps après, en 1567 et en 1574.

Il s'était montré, pendant tout son règne, impitoyable aux protestants, et plus cruel encore que son père, s'il est possible ! Pour rendre plus solennelle son entrée dans sa capitale, le 4 juillet 1549, il voulut qu'elle fût accompagnée d'une « belle procession et d'une exécution d'hérétiques. » Après le bon dîner qu'il fit à l'Évêché, on en brûla plusieurs place Maubert, cimetière Saint-Jean[1], et devant l'hôtel de la Rochepot « d'où il les vit, des fenestres, et les fit admonester d'eux convertir. »

Effrayés par ces persécutions, les imprimeurs Conrad Badius et Robert Estienne se réfugièrent à Genève. Déjà les avaient précédés dans l'exil — sur la durée duquel les fugitifs s'abusent toujours — Clément Marot, Calvin, Nicolas Cop, Mathurin Cordier ; la veuve et les enfants de Budé ; Théodore de Bèze, Bonaventure des Perriers, tous morts bien loin du berceau de leur enfance.

Ceux qui ne purent quitter Paris périrent la plupart dans d'effroyables supplices : « La dame de Graveron fut *par grand faveur flamboyée seulement* aux pieds et au visage, puis étranglée, » avant que son beau corps fût brûlé. Nicolas Clinet, pasteur, eut

1. Le cimetière Saint-Jean était situé rue de la Verrerie, entre la rue Bourtibourg et la rue de Moussy.

la langue coupée; d'autres, suspendus, par estrapade, au-dessus du bûcher, poussaient encore d'horribles cris, alors que leurs membres inférieurs étaient déjà consumés. On s'acharna sur des cadavres; on déterra le corps de l'écrivain Jean Morel, qui était mort prisonnier à la Conciergerie, et on le brûla au parvis Notre-Dame.

Pour justifier d'aussi abominables traitements, le cardinal de

HENRI II BLESSÉ A MORT PAR MONTGOMERY, d'après Tortorel et Périssin.

Lorraine faisait répandre le bruit, par de vils suppôts à ses gages, que les protestants immolaient des nouveau-nés, mangeaient la chair d'un cochon de lait au lieu de l'agneau pascal, et se livraient, dans l'obscurité, à d'inimaginables débauches. Mais le péril croissant ne put empêcher les députés des Églises réformées de France de se réunir à Paris, le 27 mai 1559, et de tenir au faubourg Saint-Germain, sans doute rue des Marais, leur *premier* synode national.

Ainsi, le roi Henri II, si absolu et si despote qu'il fût, était tenu en échec par de misérables sujets révoltés. Bien plus, son Parlement lui-même était gangrené! S'il pouvait compter sur le premier président Gilles le Maistre, sur les présidents Minard et de

A. La reine pleurant. — B. Le cardinal de Lorraine. — C. M. le Connétable. — E. Gardes de la chambre du Roi. — F. Médecins et chirurgiens.
HENRI II SUR SON LIT DE MORT, d'après Tortorel et Périssin.

Saint-André ; d'autre part, les présidents Séguier, de Harlay, de Thou, les conseillers Louis du Faur, Anne du Bourg, Antoine Fumée, Claude et Pierre de Violle, repoussaient l'établissement de l'Inquisition, adoucissaient les condamnations, et, le plus souvent, commuaient la peine de mort en celle du bannissement.

Résolu à en finir d'une manière éclatante, le roi se rendit au

SUPPLICE D'ANNE DU BOURG, place Saint-Jean-en-Grève, 21 décembre 1559.

Parlement et ordonna de continuer *librement*, devant lui, la délibération. Le Maistre, Minard, Saint-André, et ceux qui étaient dévoués à la cour, s'efforcèrent de justifier la rigueur des édits royaux, et rappelèrent que les Vaudois avaient été brûlés sans miséricorde, sous le règne précédent. Mais Louis du Faur, regardant Henri II bien en face, osa s'écrier : « Craignez qu'on ne vous dise, comme autrefois Élie à Achab : — C'est vous qui troublez Israël ! » Anne du Bourg s'exprima avec une hardiesse plus grande encore : « Je sais, dit-il, qu'il est certains crimes qu'on doit impitoyablement punir, comme *adultère et débauche* ; mais croit-on que ce soit chose légère de livrer au bourreau des hommes qui, au milieu des flammes, invoquent encore le nom de Jésus-Christ ! »

Le roi se leva indigné, en entendant parler d'adultère, et commanda à Montmorency d'empoigner immédiatement les conseillers rebelles. Le connétable descend les gradins, cherche, choisit, saisit les hommes désignés, et les fait jeter à la Bastille. Le roi jure « qu'il les verra brûler tout vifs de ses propres yeux, avant six jours. »

Il n'eut point le spectacle qu'il se promettait. On sait que pendant les fêtes du mariage de sa fille Élisabeth avec Philippe II d'Espagne, il fut blessé mortellement par Gabriel de Montgomery, dans un tournoi, donné rue Saint-Antoine, en face du palais des Tournelles, et au pied de cette Bastille où les prisonniers attendaient leur sort. Il mourut après onze jours d'agonie, le 10 juillet 1559.

On reprit le procès d'Anne du Bourg. Il fut condamné à être étranglé et brûlé en Grève, « pendu — et guindé à une potence, dépouillé et mis en chemise, au-dessus d'un feu, dans lequel le corps dudit fut lâché, ars et consumé. » L'horrible exécution de cet homme intègre, savant, estimé de tous, neveu d'un chancelier de France, eut lieu en présence d'une foule innombrable, impressionnée par la fermeté qu'il montra au milieu des flammes, et difficilement contenue par les nombreux archers que le prévôt des marchands, Martin de Bragelonne, avait réunis dans la crainte d'un soulèvement.

Pendant les débats du procès, le président de la chambre ardente, Antoine Minard, avait montré une animosité telle contre l'accusé, qu'à l'audience du 18 décembre le malheureux du Bourg, exaspéré, s'emporta jusqu'à dire : « *Dieu saura bien te forcer à t'abstenir !* » Le soir même, au moment où Minard, revenant du Palais, monté sur sa mule, arrivait à la porte de sa maison de la rue Vieille-du-Temple, il fut frappé mortellement d'un coup d'arquebuse, par une main restée inconnue.

Cette vengeance, ce crime passionnel, inouï jusqu'alors, jetèrent les juges dans une profonde terreur. Craignant les rencontres dangereuses du soir, le Parlement, par une ordonnance que le peuple appela *la Minarde*, décida d'abord que ses séances finiraient à quatre heures, au lieu de cinq heures, depuis la Saint-

Martin jusqu'à Pâques. Il chercha ensuite, mais bien inutilement, à découvrir le coupable ; on arrêta un gentilhomme écossais, nommé Robert Stuard, qui n'avoua rien, malgré toutes les tortures, et fut banni du royaume. Nous ne l'en retrouverons pas moins un peu plus tard.

Le duc François de Guise paya également de sa vie l'odieux massacre de Vassy, où il fit arquebuser « comme des pigeons » quelques centaines de pauvres huguenots, qui écoutaient le prêche, dans une grange. La nouvelle en fut joyeusement accueillie à Paris, où il fit une entrée quasi royale, par la porte Saint-Denis, monté sur un genet noir, vêtu d'un pourpoint de satin cramoisi, coiffé d'une toque de velours noir à plume rouge, escorté d'une armée de gentilshommes ; il fut reçu par le prévôt des marchands, Guillaume de Marle, les échevins et le peuple, « tous criant : *Vive Guise !* comme on crie : *Vive le Roi !* »

A quelque temps de là, comme il se préparait « à raser Orléans et à y tuer tout, jusqu'aux chats, » les protestants, qui le guettaient, lancèrent sur lui Poltrot de Méré, gentilhomme angoumois, « vantard et hasardeux, jusqu'à ne trouver rien impossible. » — « Ce maraud, dit Brantôme, l'attendit dans un bois, au carrefour d'Olivet, et lui donna à l'épaule, par derrière, de son pistolet, chargé de trois balles. »

Moins habile et moins ferme que Robert Stuard, Poltrot se laissa prendre et avoua tout, au milieu des tortures. On le traita « comme les assassineux des roys, » c'est-à-dire qu'il fut tenaillé avec des tenailles ardentes, puis tiré vif à quatre chevaux ; sa tête fut exposée au bout d'une pique à la place de Grève ; le tronc de son corps fut brûlé, et ses quatre membres furent pendus aux quatre portes de la ville : porte Saint-Denis, porte Saint-Honoré, porte Saint-Jacques et porte Saint-Antoine.

Quant à Guise, les Parisiens lui firent de magnifiques obsèques, et les enfants chantèrent, dans les rues, sur un air qui est devenu, au siècle suivant, celui de *Malbrough*, l'interminable complainte :

Qui veut ouïr chanson,
Doubdandon, doubdandon, doubdandaine,
C'est du grand duc de Guise,
Qu'est mort et enterré (*ter*).

Robert Stuard, resté impuni, reparut audacieusement dans les rangs des huguenots, le 10 novembre 1567, à la bataille de Saint-Denis. Il y fit justice de Montmorency, en l'abattant à ses pieds d'un coup de pistolet.

Le vieux connétable fut ramassé par ses deux fils et transporté à demi mort à Paris, où il expira le surlendemain, dans son bel hôtel de la rue Sainte-Avoie, dont on voit encore quelques traces, rue du Temple et rue de Rambuteau [1].

Autre revenant : ce « mal avisé » de Montgomery. Après le malheur qu'il avait eu de tuer si maladroitement son bon maître, il pensa qu'il ne ferait que sage en mettant quelque distance entre lui et la reine Catherine, et se retira en Angleterre. Oubliant bientôt toute prudence, il rentra en France, se fit ouvertement protestant, et montra, dans les guerres de religion, toutes les qualités d'un grand capitaine. Obligé de capituler avec une poignée d'hommes, dans le château de Domfront, à la condition expresse d'avoir « vie et bagues sauves, » il n'en fut pas moins condamné à mort et eut la tête tranchée, en place de Grève, le 26 juin 1574, après avoir subi la question extraordinaire. Cachée derrière une des croisées de l'Hôtel de Ville, Catherine de Médicis y savoura les délices d'une *vendetta* attendue quinze ans.

Voilà une belle série de crimes, causés les uns par le fanatisme, les autres par des vengeances trop explicables, sinon excusables. Les mots par lesquels on tente aujourd'hui de classer, d'étiqueter et d'analyser ces sortes d'attentats, sont nouveaux ; les mobiles, ou « états d'âme » qui les produisent, n'ont pas plus changé que les facteurs : l'éternel masculin et l'éternel féminin.

1. L'hôtel de Montmorency occupait, rue Sainte-Avoie, en face l'hôtel de Mesmes, l'espace compris entre les rues de Braque, du Chaume et de Rambuteau; son emplacement est traversé aujourd'hui par le passage Sainte-Avoie. Théophile de Viau y est mort, chez le duc Henri II, le 25 septembre 1626.

XXII

UNE APOTHÉOSE TARDIVE

DÉCIDÉMENT le « meilleur moyen de parvenir, » c'est de mourir. Le bon chanoine Béroalde de Verville a omis ce truc-là, dans sa joyeuse et licencieuse nomenclature. Mourez donc, mes frères, mourez ! et vos survivants, ceux-là mêmes qui, la veille, contestaient votre honneur, votre talent, et vous refusaient un morceau de pain, dès qu'ils ne craindront plus votre concurrence seront les plus empressés à vous dresser des autels !

Ceci soit dit en mettant hors de cause les honorables amis des lettres qui ont entrepris d'élever un monument à la mémoire d'ALAIN RENÉ LE SAGE, disparu de ce monde il y a un siècle et demi. Il n'en est pas moins vrai que l'auteur de *Gil Blas* est mort dans l'indigence, après avoir fait la fortune de ceux qui surent exploiter son génie.

Il méritait une compensation, il va l'avoir. Mieux vaut tard que jamais !

Si vous vous aventurez un jour à faire un voyage dans le Morbihan, explorez la sauvage presqu'île de Rhuys ; faites-vous montrer les ruines du château de Sucinio ; l'église abbatiale de Saint-Gildas, inséparable du souvenir d'Abélard, et, dans le pittoresque bourg de Sarzeau, la modeste maison natale d'Alain Le Sage.

A neuf ans, l'enfant voit mourir sa mère, « la bonne femme Jeanne Brenugat ; » à quatorze ans, son père Claude, notaire royal. A dix-huit ans, il sort du collège des jésuites de Vannes, où il a fait d'excellentes études, mais son oncle, tuteur infidèle, a dissipé le mince patrimoine dont il avait la garde. Le petit Breton, mi-écolier, mi-paysan à peine dégrossi, obtient un emploi subalterne dans les Fermes, et il y est témoin des abominables exactions des sangsues du peuple. En 1694, avocat sans causes, il habite à Paris, rue du Vieux-Colombier, paroisse Saint-Sulpice; il y gagne péniblement sa vie à faire des traductions de l'espagnol, et il y épouse — « même rue » — Marie-Elisabeth Huyard, jolie fille, qui, pour toute dot, lui apporte ses vingt-deux ans, sa gaîté et sa beauté. Lui-même en avait vingt-six. De ce moment, il appartient à l'histoire de la capitale, où il va passer cinquante années de gloire mélangée de misère.

Si vous vous aventurez à faire un autre voyage..... celui de l'Odéon, un jour où l'on jouera « du Le Sage, » passez par la rue des Fossés-Saint-Germain-des-Prés, que nous appelons aujourd'hui rue de l'Ancienne-Comédie, et vous y verrez, à votre droite, la maison, très reconnaissable par une inscription et un bas-relief, où était le Théâtre-Français, en 1709, et où Le Sage, devenu tout coup célèbre, fit représenter *Turcaret*, le 14 février ; vous y verrez, à votre gauche, et en face de « la Comédie, » le café *Procope*, toujours existant, où Le Sage réunissait autour de sa table les comédiens, les beaux esprits, les nouvellistes qu'amusaient ses saillies et ses anecdotes inépuisables.

Il avait été plus facile au pauvre grand écrivain de composer *Turcaret* que de le faire représenter. Molière avait rencontré les mêmes obstacles pour *Tartufe*; Beaumarchais s'y heurtera plus tard pour *Figaro*. Il fallut à Le Sage l'intervention du Grand Dauphin : « Monseigneur étant informé que les comédiens du Roi ne veulent pas jouer une pièce intitulée *Turcaret ou le Financier*, leur ordonne de l'apprendre et de la jouer incessamment. »

Ceux dont cette comédie dévoilait les turpitudes, les « trai-

Salle du Théâtre-Français, rue de l'Ancienne-Comédie, d'après une gravure de Coypel (musée Carnavalet).

tants » exécrés, se sentirent menacés, et offrirent à l'auteur cent mille livres pour qu'il la retirât. Il refusa, mais, par cette fermeté honorable, il suscita contre lui des animosités telles, que les portes du Théâtre-Français lui furent désormais fermées. Ses ennemis le prirent par la famine.

Qu'était-ce donc que *Turcaret* ? Le type, saisi sur le vif, de ces vils agioteurs, de ces anciens laquais, qui fondaient alors des fortunes scandaleuses — cela n'arrive plus de nos jours, — sur la misère publique : les banqueroutiers Bourvalais, Crozat, Poisson, et ce Samuel Bernard auquel Louis XIV « se prostitua » — le mot, cruel, est de Saint-Simon — pour en arracher quelques millions! Tous maltôtiers, si bouffis, si grotesques, si ignares, que la société frivole ne savait plus si elle devait rire d'eux ou s'en indigner. Les grands seigneurs dégénérés prenaient leurs filles, et en faisaient des duchesses de Roquelaure ou d'Uzès; des marquises de Faudoas ou des comtesses d'Evreux!

Avant de donner *Turcaret*, qui en dépit d'une cabale puissante, fit salle comble, malgré un hiver des plus rigoureux, Le Sage avait publié son roman du *Diable boiteux*. Banni du Théâtre-Français, et poussé par le besoin, il revint au genre espagnol, avec *Gil Blas*, « dont on se rappelle toujours la première lecture, comme une des plus délicieuses occupations de la vie. » Pour nourrir les siens, il s'épuisa pendant vingt ans à fournir aux deux théâtres de la foire Saint-Germain[1] et de la foire Saint-Laurent[2], une centaine d'opéras comiques. Seul, ou en collaboration avec Autreau, Piron, Collé, Fuzelier, Dorneval, il sema à pleines mains son sel sur les tréteaux de l'impresario Godard.

Toutes ces farces, ou arlequinades, ont été imprimées, et font assez bonne figure dans le recueil en dix volumes intitulé : *Le Théâtre de l'Opéra-Comique, contenant les meilleures pièces, enrichi d'estampes en taille-douce*, etc. Mais il faut savoir que, dans la réalité, elles étaient soumises à mille entraves par la jalousie des comédiens français qui, maintes fois, firent interdire aux forains tout dialogue et tout monologue! Nécessité, l'ingénieuse, leur fournit une invention admirable : deux enfants, habillés en Amours, descendaient du cintre, tenant en mains et déroulant un *écriteau* sur lequel était écrit en gros caractères le couplet avec le nom du personnage qui *aurait dû* le chanter; l'orchestre jouait l'air et

1. Inscription placée par les soins de la Ville au marché Saint-Germain, rue Clément :

LA FOIRE SAINT-GERMAIN
OCCUPA
JUSQU'A LA FIN DU XVIIIe SIÈCLE
L'EMPLACEMENT DE CE MARCHÉ

2. Inscription placée par les soins de la Ville à la gare de l'Est :

LA FOIRE SAINT-LAURENT
ÉTABLIE AU XIIe SIÈCLE
SE TINT SUR CETTE PLACE
DE 1662
A LA FIN DU XVIIIe SIÈCLE

donnait le ton aux spectateurs, qui chantaient eux-mêmes, tandis que les acteurs, muets, accommodaient leurs gestes à la circonstance. On voit que le dialogue de la *Dame Blanche*, remplacé par une musique vive et animée, ne date pas d'hier.

Voilà à quels expédients en était réduit celui qui eût pu, sinon égaler Molière, au moins continuer Regnard ! Il se livrait encore à ce labeur ingrat, quand, à l'âge de soixante-quinze ans, il perdit son fils aîné, Montménil, comédien fort aimé du public, mort subitement dans une partie de chasse. « Trop vieux pour travailler, trop haut pour demander, trop honnête pour emprunter, » Le Sage se retira avec sa femme et sa fille à Boulogne-sur-Mer, dans la très pauvre maison de son second fils, le chanoine Julien-François. C'est là qu'il s'éteignit, octogénaire, presque sourd, presque aveugle, mais conservant sa belle humeur jusqu'au dernier moment. Quelques années après, sa fille finit à l'hôpital de Boulogne !

Cet homme, gueux toute sa vie, fut fier toute sa vie, sans que sa pauvreté lui apprît jamais à se courber, et c'est ce qui me plaît en lui. Un jour qu'il devait lire *Turcaret* chez la duchesse de Bouillon, à l'hôtel du quai Malaquais, il arriva un peu en retard. Elle le reçut froidement, et lui reprocha d'avoir fait perdre une heure à la compagnie. « Madame, répondit-il, je vais vous en faire gagner deux, » et il tira sa révérence, sans que ni excuses, ni prières, pussent le retenir une minute de plus.

XXIII

DUELS D'AUTREFOIS

Au moment où il a été question, dans la Chambre comme dans le Sénat, de légiférer une fois de plus contre les duellistes — mesure bien inutile puisque les magistrats nous ont fréquemment montré qu'ils sont suffisamment armés pour sévir dans les circonstances graves, — il peut être intéressant de rappeler ici quelques-unes des rencontres les plus remarquables du dix-septième siècle, alors que de 1589 à 1607 seulement, plus de quatre mille gentilshommes perdaient la vie dans des combats singuliers; alors que les édits les plus terribles restaient impuissants contre « la mode, » et qu'un certain chevalier d'Andrieux, à peine âgé de trente ans, pouvait se vanter — sans trop gasconner — d'avoir déjà couché sur le carreau soixante-douze de ses adversaires, pas un de plus, pas un de moins!

L'illustre maison de Guise aura le triste honneur d'ouvrir et de clore cette série de duels dont quelques-uns ne sont pas autre chose que de véritables assassinats.

En avril 1594, le duc Charles de Guise, fils du Balafré, voulant montrer à Henri IV, victorieux, un zèle aussi ardent que récent, provoque le vieux Saint-Paul, maréchal de la Ligue [1], et le tue net, sans lui donner le loisir de mettre l'épée à la main.

Le duc avait un frère cadet, né six semaines après le meurtre de Blois. Adopté par la Ville, cet enfant, dont les Parisiens

1. Saint-Paul, fils de paysans, parvenu au plus haut rang par sa valeur; exemple bien rare alors. Il est vrai que les troubles de la Ligue avaient fort contribué à son élévation.

accueillirent la naissance posthume comme un événement miraculeux, reçut, à son baptême, les noms d'*Alexandre-Paris*. Arrivé à l'âge d'homme, il se distingua tout de suite en tuant, dans la rue Saint-Honoré, le vieux baron de Luz, « sans laisser le temps au bonhomme de descendre de son carrosse. » Le jeune Luz ayant voulu venger son père, succomba dans un duel à peu près régulier. L'année suivante, Guise se mit étourdiment sur un canon qu'on éprouvait, qui éclata et le mutila. « Ceste fin fust attribuée par

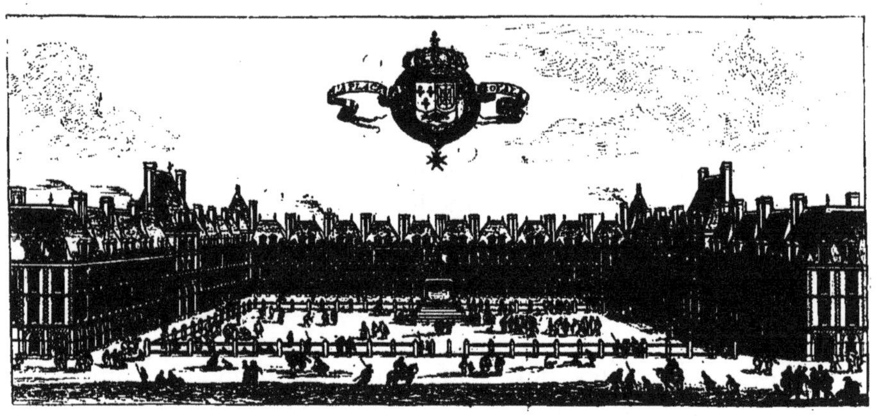

VUE DE LA PLACE ROYALE SOUS LA FRONDE, d'après une gravure d'Israël.

beaucoup de gens à un jugement de Dieu, pour le sang des deux barons de Luz, qu'il avoit traîtreusement respandu. »

Un autre baron malchanceux, ce fut M. de Chabans, auteur d'un énorme in-octavo intitulé : *Advis et moyen pour empescher les désordres des duels*. A propos de je ne sais quelle sotte querelle, Lenclos — le père de Ninon — lui donna rendez-vous près des Minimes, le perça d'outre en outre, avant qu'il ait pu se mettre en garde, et se réfugia à l'étranger.

J'ai hâte d'arriver à des luttes plus chevaleresques, à ces belles histoires de cape et d'épée qui ressemblent à des légendes.

Si vous passez jamais dans la petite rue *du Jour*, arrêtez-vous un instant devant une maison peu élevée, adossée à l'église Saint-Eustache, et dont l'extérieur a à peine changé depuis le temps de Louis XIII. Vous la reconnaîtrez aux deux chiens de faïence qui, des deux côtés de la porte cochère, se regardent d'un air batailleur. C'est l'hôtel de Royaumont ; c'est là que demeurait le dernier des preux, le comte de Montmorency-Bouteville, et que tout bon bretteur, tout raffiné d'honneur, était sûr de trouver à toute heure, « dans une salle basse, du pain, du vin, du fromage et des fleurets à sa disposition [1]. »

Bouteville s'étant battu dans les rangs de l'armée, partout où il y avait des ennemis du roi à combattre, mit ensuite sa gloire à croiser le fer contre tout gentilhomme qui jouissait de quelque réputation de valeur. On se défiait alors pour les motifs les plus futiles : un clin d'œil, un nœud de ruban, un salut oublié, un manteau touché par mégarde, ou encore « pour avoir craché à quatre pieds d'un passant ! »

Le dimanche de Pâques 1624, il envoya quérir en toute hâte, pour lui servir de *second* contre Pontgibault et de Salles, le baron de Chantal [2], qui entendait tranquillement la messe à l'église Saint-Paul. Celui-ci accourut, mais le duel était à peine commencé que la police intervint. Les quatre adversaires n'eurent que le temps de s'échapper, accompagnés par deux cents amis à cheval. Convaincus du crime de lèse-majesté divine et humaine, ils furent condamnés, par contumace, à être pendus et étranglés en Grève ; leurs corps portés à Montfaucon, leurs maisons rasées. Le poteau où était affiché ce bel arrêt, avec leurs effigies, fut renversé la nuit par les seigneurs et leurs laquais.

Bouteville fut bien accueilli à Bruxelles par l'archiduchesse-infante Isabelle-Claire-Eugénie ; mais elle demanda vainement pour lui des lettres d'abolition. « Puisque le Roi me repousse, s'écria Bouteville, j'irai me battre à Paris contre Beuvron, en plein midi et en pleine place Royale ! »

Rendez-vous fut donné aussitôt pour le 12 mai 1627. Bouteville avait pour seconds des Chapelles et La Berthe ; de

1. Bouteville eût fait partie de nos jours de la ligue des antipropriétaires. Comme il ne payait jamais son terme, l'archevêque de Bordeaux François de Sourdis, maître de l'hôtel, en sa qualité d'abbé de Royaumont, fut obligé de lui donner quittance de deux années de loyer, pour l'en faire déguerpir. On s'étonnait que ces deux hommes, aussi mal endurants l'un que l'autre, ayant ensemble quelques intérêts à démêler, ne se fussent pas égorgés.

2. Celui qui, deux ans plus tard, devait être le père de Mme de Sévigné.

son côté Beuvron avait choisi pour l'assister Bussy d'Amboise

RUE DE BIRAGUE, CONDUISANT DE LA RUE SAINT-ANTOINE A LA PLACE DES VOSGES anciennement place Royale.

et Buquet. Tous les six se rencontrèrent sous les fenêtres du baron de Chantal, en face de la maison où venait de naître cette petite Marie de Rabutin, qui, dix-sept ans plus tard, devait être Mme de Sévigné.

Bussy fut tué par des Chapelles ; La Berthe, dangereusement blessé par Buquet ; quant à Bouteville et à Beuvron, après plusieurs passes furieuses, ils jetèrent leurs épées, se saisirent au collet, levèrent en même temps leurs poignards, et... au moment de frapper, se demandèrent mutuellement la vie. Bouteville et des Chapelles coururent ventre à terre jusqu'à Meaux, où ils prirent la poste jusqu'à Vitry. Le prévôt de la maréchaussée les y rejoignit et les arrêta. Les supplications de la jeune femme de Bouteville ; de Gaston, frère du roi ; de la princesse de Condé ; des duchesses d'Angoulême et de Montmorency, ne purent fléchir ni Louis XIII, ni le cardinal. Les deux infortunés furent décapités sur la place de Grève, le 21 juin ; ils refusèrent de se laisser bander les yeux ; des Chapelles, frappé le second, baisa pieusement la main encore chaude de son ami.

C'est le baron de Chantal qui avait prêté les deux chevaux sur lesquels les délinquants s'étaient enfuis le 12 mai ; craignant la colère de Richelieu, il gagna l'île de Ré, et y mourut percé de trente-sept coups de piques en combattant contre les Anglais.

Fille et petite-fille de duellistes, Marie de Rabutin-Chantal épousa un duelliste endurci. Le marquis Henri de Sévigné fut blessé mortellement par le chevalier d'Albret, « un fort joli garçon, bien fait, bien spirituel, qui tue fort bien le monde, » et qui était son rival auprès d'une créature très décriée, Mme de Gondran. Celle-ci, dont la simplicité est restée proverbiale, s'en allait partout répétant : « M. de Gondran et moi, nous perdons notre meilleur ami ! »

Le cardinal se trompait bien quand il prétendait avoir guéri la folie des duels par l'atrocité de la répression. La mort d'Henri de Sévigné en est une preuve ; en voici une dernière parmi cent autres.

Au milieu de l'année 1643, une personne charitable ramassa deux lettres dans le salon de Mme de Montbazon,. et celle-ci, bonne peste, ne manqua pas de dire, assez haut pour être entendue, qu'elles étaient de l'écriture de la toute jeune Mme de Longueville, et qu'elles venaient de tomber de la poche de Maurice de Coligny. Toute la maison de Condé se révolta, et exigea une éclatante réparation ; la duchesse de Montbazon fut forcée d'aller présenter des excuses à madame la princesse, mère de Mme de Longueville ; peu de temps après elle fut exilée de la cour.

Le jeune et beau Henri II de Lorraine, cinquième duc de Guise, se fit le défenseur de Mme de Montbazon, à laquelle il était fort attaché. Coligny, quoique affaibli par une longue maladie, le défia et le fit *appeler* par son *second*, Godefroy d'Estrades ; le duc de Guise accepta l'invitation, et prit pour *second* Bridieu.

SEIGNEUR TIRANT SON ÉPÉE, d'après A. Bosse.

Bravant la mémoire de Richelieu et de Louis XIII, morts récemment, les combattants ne craignirent pas de se rencontrer sur la place Royale, le 12 décembre 1643, à trois heures, devant l'hôtel de Mme de Rohan-Guéménée [1].

Était-ce bien pour un motif futile, pour un secret d'alcôve, que, soixante-dix ans après la Saint-Barthélemy, les deux descendants de l'Amiral et du Balafré se trouvaient en face l'un de l'autre ? En l'abordant, le duc dit au comte : « Nous allons décider les anciennes querelles de nos deux maisons, et l'on verra quelle différence il faut mettre entre le sang de Guise et celui de Coligny ! » En portant le premier coup, Coligny glissa et tomba sur le genou. Guise mit le pied sur l'épée de son rival, le frappa du plat de la sienne et lui dit : « Je ne daigne pas vous tuer, mais je vous traite comme vous le méritez, pour vous être adressé à un prince de ma naissance. » Coligny bondit sous l'outrage, dégage son épée,

1. C'est le n° 6 de la place des Vosges, occupé aujourd'hui par une école communale de garçons. Victor Hugo y demeurait en 1848, et M. Auguste Vacquerie, son ami fidèle, tout près de là, rue des *Trois-Pistolets, n° 2.*

La rue des Trois-Pistolets fait aujourd'hui partie de la rue Charles-V.

recommence la lutte, blesse légèrement le duc à l'épaule, mais il est à bout de forces. Guise en profite : dans un corps-à-corps rapide, il saisit de la main gauche l'épée de son adversaire, la lui arrache, et, quand il le voit désarmé, il lui porte dans le bras un grand coup qui le met hors de combat.

Le malheureux fut emmené par le duc d'Enghien qui le cacha dans son château de Saint-Maur. Il ne put se résoudre à se laisser couper le bras; sa plaie s'envenima, et il mourut quelques mois après, autant des suites de sa blessure que de la honte de la défaite.

Victor Cousin — dans la *Jeunesse de Mme de Longueville* — prétend que cette affaire fit très peu d'honneur à Coligny. De nos jours, au contraire, on jugerait sévèrement la conduite de Guise, se servant de la main gauche, et frappant ensuite un adversaire sans défense. Autres temps... !

La place Royale, encadrée dans ses quatre rangées de pavillons brique et pierre, appuyés sur leurs arcades doriques et surmontés de leurs hauts combles d'ardoise, n'a pas changé. Vous pouvez y voir la maison du baron de Chantal et celle de Mme de Guéménée ; vous pouvez y fouler le sol arrosé d'un sang généreux, qui n'eût dû — selon les sages — couler que pour la défense de la Patrie.

Mais que cela est facile à dire et à professer ! « César envoya-t-il un cartel à Caton? » Le Jean-Jacques vertueux qui a écrit cela, a trop montré dans le cours de sa vie qu'il n'avait aucune autorité pour donner son opinion sur les actes les plus délicats de la conscience.

On ne se bat guère ailleurs qu'en France, parce que chez nous on estime, on estimera toujours, que le soin de laver certaines offenses ne peut être confié à aucune répression pénale. Que voulez-vous ! C'est le vieux sang gaulois, qui humectait la place Royale ; à ceux qui l'ont dans les veines, il crie encore parfois, comme Don Diègue à Rodrigue : « Meurs ou tue ! »

XXIV

PARIS EN 1792

Voulez-vous, lecteur, faire une promenade avec moi dans le Paris d'il y a un siècle, et rechercher quel était l'état physique et mental de la grande ville, en cette année 1792 dont nous avons fêté, sans trop choisir, tous les anniversaires séculaires? la plus remarquable année peut-être du dix-huitième siècle expirant, puisqu'elle vit la chute de la Monarchie, et la proclamation de la République!

Quel abîme entre le commencement et la fin de cette année terrible qui, à son début, conserve encore la politesse, les mœurs, les élégances et les mièvreries de l'ancienne cour, la poudre, le fard, les mouches, l'épée, les dentelles, les boucles, les rubans, et qui se termine par le tutoiement obligatoire, les cheveux longs, le bonnet rouge, la carmagnole, le pantalon et les sabots, « pour laisser des souliers aux soldats! »

Dans ce cycle si court de douze mois, les événements se précipitent, et la capitale nous offre l'étonnant spectacle des transports les plus disparates : joies folles et tristesses; soubresauts d'espoir et de découragement; grandeurs et turpitudes; dévouements sublimes et lâches abandons; convulsions frénétiques, signes précurseurs de l'écroulement de la vieille société, et de l'aurore d'une ère nouvelle.

Le 1er janvier, Paris apprend qu'une haute cour va se réunir à Orléans pour juger les frères du roi, le prince de Condé et quelques autres émigrés. A la fin du mois, les femmes pillent les magasins des épiciers qui vendent le sucre quarante-deux sous la livre, et les Jacobins décident de ne plus sucrer leur café.

Le 5 avril, les congrégations sont supprimées, et les costumes ecclésiastiques prohibés.

Le 20 avril, la foule accueille par les cris de *Vive le Roi!* l'annonce que l'Assemblée vient d'adopter la proposition, faite par Louis XVI, de déclarer la guerre à l'empereur et au roi de Prusse.

Le peuple entrant au château des Tuileries (20 juin 1792).

Après un léger revers, le général Dillon est massacré par ses soldats, avec un de ses enfants nouveau-né; son cadavre, percé de coups, traîné dans les ruisseaux, est jeté au feu. L'Assemblée lui accorde les honneurs du Panthéon, et punit de mort ses assassins.

Le 16 juin, le roi, qui se croit trahi par ses ministres girondins, Servan, Clavière et Roland, les congédie; mais l'Assemblée déclare qu'ils ont mérité les regrets de la Nation. Le mécontentement d'une grande partie des Parisiens s'augmente encore de ce que le roi oppose son *veto* à la déportation des prêtres non assermentés et à la formation d'un camp sous Paris.

Le 20 juin, sous ombre de fêter l'anniversaire du Serment du Jeu de Paume, les faubourgs, commandés par Santerre, défilent devant l'Assemblée en chantant le *Ça ira*; se rendent aux Tuileries, en enfoncent les portes, et cherchent à obtenir du roi qu'il approuve les décrets. On sait quelle fermeté il montra cette fois pour maintenir les droits qu'il tenait de la Constitution même. Certes, il eût encore mieux valu pour lui savoir monter à cheval et marcher à l'ennemi.

La première coalition se formait en effet contre nous. Le dimanche 22 juillet, dès l'aube, le canon retentit d'heure en heure au Pont-Neuf et à l'Arsenal. Un drapeau noir flotte sur les tours de Notre-Dame. Douze officiers municipaux, escortés de cavalerie, de tambours, de trompettes, d'artillerie, partent de l'Hôtel de Ville et vont lire dans tous les carrefours la déclaration de l'Assemblée. Un garde national à cheval porte une bannière tricolore, sur laquelle on lit ces mots : *Citoyens, la Patrie est en danger !* Sur huit amphithéâtres, dressés dans les places publiques, les municipaux reçoivent les engagements des enrôlés volontaires.

Duc de Brunswick (Charles-Guillaume-Ferdinand), 1736-1808.

« Les habitants qui oseraient se défendre contre les troupes de la coalition seront punis sur-le-champ, comme rebelles, et leurs maisons démolies ou brûlées.

» Si le château des Tuileries était forcé ou insulté, les princes coalisés livreraient Paris à une subversion totale. »

(*Manifeste* du duc de Brunswick.)

Le manifeste de Brunswick met le comble à l'exaspération des esprits ; l'arrivée des fédérés marseillais permet à ceux qui avaient échoué le 20 juin, d'en finir, dans la matinée du 10 août, avec ce singulier roi qui, au milieu du combat, abandonne ses derniers défenseurs, et s'en va déjeuner tranquillement devant l'Assemblée, stupéfaite d'un si vorace appétit.

Pendant qu'on se débarrasse de sa présence encombrante en l'envoyant au Temple, le peuple renverse les statues de ses rois à la place des Victoires, à la place Vendôme, à la place Louis XV, à la place Royale, au Pont-Neuf, à l'Hôtel de Ville, et, le 21 août, inaugure la guillotine sur la place du Carrousel. Les mauvaises nouvelles de la frontière, la perte de Longwy, de Verdun, la marche en avant des Prussiens, servent de détestable prétexte à la bande d'égorgeurs qui, sous les ordres de l'agent de police Maillard, massacrent les prisonniers dans les journées des 2, 3, 4 et 5 septembre. Les vrais sauveurs de la France, ce sont les jeunes conscrits qui gagnent la bataille de Valmy. Elle fut le glorieux

STATUE DE LOUIS XIV, PLACE DES VICTOIRES (abattue les 11, 12 et 13 août 1792).

baptême de la République, proclamée à Paris le lendemain, le 21 septembre — et non pas le 22, — dès la première séance de la Convention.

Ses premiers pas furent d'éclatants succès : la victoire de Jemmapes; Verdun, Longwy repris; Mayence occupé par Custine; Bruxelles, par Dumouriez; la réunion de la Savoie à la France. Tandis que les héros se battent, les Conventionnels, transformés en juges, se demandent ce qu'ils pourront faire de Louis XVI, et l'année se clôt, le 31 décembre, par cette proposition de la Commune : *La fête des Rois sera remplacée par celle des sans-culottes !*

Mercier, qui écrivait son *Tableau de Paris* en 1792, s'effrayait déjà de la grandeur démesurée de la capitale : « Je m'égare, disait-il, je me perds dans cette ville immense ; je ne reconnais plus moi-même les quartiers nouveaux. Les marais qui produisaient des légumes reculent et font place à des édifices. Voilà Chaillot,

Volontaires de l'armée du Rhin (d'après une estampe de la Bibliothèque de l'Arsenal).

Passy, Auteuil, bien liés ; encore un peu nous touchons Sèvres, et, d'ici à un siècle, Versailles, Saint-Denis, Vincennes. Ce sera là, pour le coup, une ville plus que chinoise. » Rien de plus facile que de nous retracer ses bornes à l'époque de la Révolution : elles sont représentées aujourd'hui par les boulevards extérieurs dont l'on a renversé, en 1860, lors de l'annexion, le mur d'octroi, inventé, en 1784, par la rapacité des fermiers généraux, à la grande colère des consommateurs parisiens et des contrebandiers.

Un décret de l'Assemblée nationale, du 22 juin 1790, avait divisé la ville en quarante-huit sections, quelques-unes aux noms révolutionnaires des *Piques*, de *Guillaume-Tell*, de *Brutus*, de *Mutius-Scévola*. Le boulevard Saint-Denis s'appela *Franciade*; le boulevard des Italiens, *Montmarat*; le boulevard de la Madeleine,

PLACE DE L'HÔTEL-DE-VILLE. (Arrivée du roi Louis XVI, le 17 juillet 1789).

Cérutti; la rue de Richelieu, rue de la *Loi*; la rue du Roi-de-Sicile, des *Droits-de-l'Homme*. On disait couramment : les rues *Jacques, Antoine, Martin, Honoré, Roch*.

Du Pont-Neuf, du Pont-Royal, du pont Louis-XVI, on jouissait du plus beau coup d'œil; mais, de la plupart des autres ponts, encore surchargés de maisons, il était impossible de voir la rivière. La place de l'Hôtel-de-Ville n'était pas le quart de ce qu'elle est actuellement; le maire, Pétion, demeurait au fond de la rue de Jérusalem, dans l'ancien hôtel du premier président du Parlement. La rue de Rivoli n'existant pas encore, il n'y avait pas d'autre communication entre le centre et les Champs-Élysées que la rue Saint-Honoré. Entre celle-ci et le jardin des Tuileries, l'Assemblée législative, puis la Convention s'étaient logées, tant bien que mal, dans un ancien manège. Leurs bureaux occupaient les couvents des Capucins, des Feuillants, et l'hôtel de Noailles, détruit de 1830 à 1834, lors du percement de la rue d'Alger. Le Palais-Royal, sous le nom de *Maison-Égalité*, appartenait encore au duc d'Orléans. Dans le couvent des Jacobins (marché Saint-Honoré) siégeait le club des Jacobins ; celui des Cordeliers siégea dans l'ancien couvent

Le Théatre-Français (Odéon actuel).

rue de l'École-de-Médecine, et rue Dauphine, dans la salle de ce nom, dite *du Musée*.

Le théâtre de la *Nation*, ou *Théâtre-Français*, était à l'Odéon ; le théâtre des *Variétés*, à l'entrée de la rue de Richelieu ; l'*Opéra*, à la porte Saint-Martin ; le théâtre *Montansier*, au Palais-Royal ; l'*Opéra-Comique*, boulevard des Italiens.

Les massacres de Septembre eurent lieu au Châtelet, à l'Abbaye Saint-Germain ; à la Force, rue des Ballets ; aux Carmes de la rue de Vaugirard ; au séminaire de Saint-Firmin, rue Saint-Victor ; à Bicêtre et à la Salpêtrière — deux hôpitaux qui ne contenaient que des vieillards, des femmes, des enfants, — et à la Tournelle des Bernardins, où périrent soixante-douze galériens.

Avez-vous quelque affaire à traiter avec un homme politique? Vous trouverez *sur la rive gauche* : Danton, Camille Desmoulins, *Cour du Commerce*; Marat, rue des *Cordeliers*; Dulaure et Fabre d'Églantine, rue du *Théâtre-Français*; Anacharsis Klootz, rue *Jacob*; Lakanal, rue du *Bac*; Pache et Mlle Théroigne de Méricourt,

LE PEUPLE FAISANT FERMER L'OPÉRA (12 juillet 1789).

rue de *Tournon*; l'abbé Grégoire, rue du *Colombier*; Henriot, rue de la *Clef*; Chaumette, rue du *Paon*; Manuel, rue *Serpente*; Buzot, quai *Malaquais*, et Latude, l'échappé de la Bastille, rue de *Bourgogne*; — *sur la rive droite :* Barras, Robespierre, Sieyès, rue *Honoré*; Carnot, rue *Florentin*; Joseph-Égalité, à la *Maison Égalité*; Vergniaud, place *Vendôme*; André Chénier, rue de *Cléry*; Collot d'Herbois, rue *Favart*, et Santerre, faubourg *Antoine*.

Avez-vous quelque savant à consulter? Vous trouverez, à l'*Observatoire*, Cassini; au *Collège de France*, La Lande, Gail, l'abbé Delille; au *Jardin des Plantes*, Lamarck, Daubenton, Lacépède [1]; à l'*Hôtel des Monnaies*, Berthollet; aux *Petits-*

1. Oserai-je placer ici l'anecdote de ce ministre du Directoire qui, revenant de faire sa visite officielle

Augustins, Monge ; au boulevard de la *Madeleine*, Lavoisier.

Vous pouvez commander quelque tableau à David, à Vernet, à Fragonard, *cour du Louvre* ; à Greuze, rue *Basse-Saint-Denis* ; vous pouvez vous faire construire un hôtel par Chalgrin, rue *Garancière ;* commander votre buste à Clodion, rue *Neuve-des-Mathurins*, mais s'il vous prenait fantaisie de faire faire votre portrait par la toute charmante Mme Vigée-Lebrun, vous ne la trouveriez plus à son hôtel de la rue du *Gros-Chenet*. Effrayée par la tourmente, elle est partie pour l'Italie.

COSTUME DE LA RÉVOLUTION.
(Collection de M. Claretie.)

Enfin, vous pouvez prendre des leçons d'écriture chez l'un de ces deux maîtres à jamais célèbres : Brard, rue du *Petit-Carreau*, ou Saint-Omer l'aîné, sur le quai de l'*École !*

Du 1er janvier à la Saint-Sylvestre de 1792, Paris eut faim. Les grands seigneurs avaient émigré, le travail avait cessé, surtout dans les métiers de luxe. Les accapareurs avaient fait tripler le prix des objets les plus nécessaires à la vie, pain, viande, sucre, chandelle, café ; on faisait queue avant le jour à la porte des boulangers, on en pendait quelques-uns, ce qui ne remédiait à rien. Pendant des semaines, il n'y eut de viande, de beurre, de cassonade, de lait, que pour les malades, ce qui n'empêchait pas ceux-là mêmes qui affamaient le peuple de bien souper chez les Véry, les Beauvilliers, les Méot, dont la bonne chère est restée légendaire.

Eh bien, dans les pires moments de détresse, les Parisiens ne

au Muséum, et interrogé par quelqu'un s'il avait vu Lacépède, répondit qu'on ne lui avait montré que la girafe, et se fâcha beaucoup qu'on ne lui eût pas fait tout voir.

Si non è vero.....

perdirent jamais ni leur foi bruyante dans le succès de la Révolution qu'ils avaient commencée, ni leur patriotisme et leur gaîté! Les appartements sont tapissés de papiers peints à sujets patriotiques; on mange dans des assiettes de Rouen ou de Nevers, ornées de devises, de bonnets phrygiens, de faisceaux de piques, de caricatures contre le clergé ou la noblesse; les nappes, les serviettes, représentent la prise de la Bastille ou celle des Tuileries, ou la bataille de Valmy. .

PATRIOTE ÉLÉGANT.
(Collection de M. Claretie.)

Comme il faut, avant tout, savoir ce qui se passe, le bourgeois-citoyen ne peut plus tenir dans sa maison : il patrouille, il couche au corps de garde, il ne quitte plus son bel uniforme bleu à revers blancs; il vit dans la rue, aux tribunes de l'Assemblée, au jardin du Palais-Royal, aux cafés de Foy, de Valois, Corazza, Procope, Manoury, ou aux clubs qui se rassemblent dans les églises, dont on a fondu, pour en faire des canons, les cloches, ces « breloques monstrueuses du Père éternel. » Il pérore dans les groupes, achète les feuilles du matin : l'*Ami du Peuple*, le *Vieux Cordelier*, le *Père Duchesne*, les *Actes des Apôtres*, le *Journal des Guillotinés*. .

Les femmes ont bien simplifié leur toilette : elles portent des bouquets, des rubans, des écharpes, des souliers *aux trois couleurs*; des bonnets *à la Bastille*, des robes *à la Constitution;* des boucles d'oreilles *à la Patrie*. La poudre est proscrite parce qu'elle fait augmenter le prix des farines.

Il y a, comme on le voit, tout un nouveau vocabulaire : on *septembrise* et l'on *spadassinicide !* un domestique est un *officieux ;* un mouchard, un *observateur*. Le ministre Lebrun baptise gravement sa fille des noms commodes de *Civilisation-Jemmapes-Victoire-République Française !*

Les événements les plus tragiques n'altèrent pas la bonne humeur nationale ; les écrivains se livrent à leurs travaux avec une admirable sérénité d'âme. Bernardin de Saint-Pierre publie la *Chaumière indienne;* Gail traduit *Théocrite*, et réunit un nombreux auditoire au Collège de France ; Florian donne ses *Fables*. Les théâtres restèrent presque toujours ouverts : on y applaudissait avec fureur les pièces de circonstance : le *Siège de Lille;* la *Mort de Beaurepaire ;* on se pressait à la « première » du *Vieux Célibataire* de Collin d'Harleville, et l'on jouait à l'Opéra la *Stratonice* de Méhul.

En pleine Terreur, les charrettes de victimes qui passent rue Saint-Honoré, sous les fenêtres du lycée de la rue de Valois, n'empêchent pas le public lettré d'en suivre les cours. On en était venu à se moquer de l'échafaud, et à chansonner le bourreau :

Admirez de Samson l'intelligence extrême !
Par le couteau fatal il a fait tout périr.
Dans cet affreux état que va-t-il devenir ?
— Il se guillotine lui-même.

XXV

LES JUIFS A PARIS AVANT 1792

Les Juifs, qui — en minorité — crurent que Jésus, fils de Joseph et de Marie, frère ou cousin de Simon et de Jude, apprenti charpentier dans sa prime jeunesse, était le *Christ* promis par les prophètes, furent bientôt forcés de quitter Jérusalem, où ils étaient fort mal vus depuis le crucifiement de leur nouveau Dieu. Reniant la synagogue et devenus chrétiens, ils se répandirent alors dans tout l'Orient et jusqu'en Occident, prêchant l'Évangile au risque de leur vie ; convertissant en masse les femmes, les esclaves, les populations soumises aux Romains, les Romains eux-mêmes, puis les Barbares.

Les premiers chrétiens, qui, d'après les plus anciennes traditions, apparurent dans la région de Lutèce — le Parisis — et y fondèrent des églises, furent saint Denis, martyrisé à Montmartre ; saint Yon, à Châtres ; saint Lucien, à Beauvais ; saint Crépin, à Soissons ; saint Eugène, à Deuil ; saint Justin et saint Rieul, à Louvres-en-Parisis.

En même temps qu'eux, arrivaient aussi, sur les bords de la Seine, leurs frères-ennemis, les Juifs judaïsant ; mais ceux-ci n'avaient le goût ni de la propagande, ni du martyre. Obligés, à leur tour, de fuir la Palestine après la destruction de Jérusalem, ils s'étaient dispersés dans le monde entier, obéissant déjà aux instincts et aux aptitudes de leur race, et s'occupant exclusivement de commerce, ce à quoi d'ailleurs les forçait l'intolérance des chrétiens qui ne les auraient jamais admis dans les corporations de métiers.

Du haut de leur grandeur, les Romains regardaient ces *mercantis* avec une indifférence méprisante; les chrétiens voyaient en eux, avec horreur, les assassins de leur Dieu, et ils les persécutèrent aussitôt qu'ils en eurent la force.

BONNET A CORNE DES JUIFS.
(Ms. 592 de Besançon.)

Les très ignorants successeurs de Clovis se montrèrent pourtant assez tolérants envers les juifs, dont les talents spéciaux leur étaient utiles pour le règlement des impôts, l'administration de leurs domaines et l'achat des objets de luxe. Mais un beau jour, Chilpéric s'avisa de menacer tous ceux qui habitaient Paris de leur crever les yeux s'ils ne se laissaient pas baptiser. Un seul osa résister. C'était un riche marchand, nommé Priscus, familier et conseiller du roi. Jeté en prison, le juif rusé sut prendre le Mérovingien par son faible, lui envoya de riches présents, demanda quelque répit jusqu'à ce qu'il eût marié son fils, et, remis en liberté, se promena dans la ville, très fier d'avoir échappé seul à l'apostasie des siens.

JUIFS PORTANT LA ROUELLE.
(Ms. 592 de Besançon.)

Cette attitude déplut à un autre juif, récemment converti au christianisme, Phatir, homme haineux, qui, avec quelques esclaves armés, se posta en embuscade près de la petite église de Saint-Julien-le-Pauvre, un jour de sabbat, où le malheureux Priscus avait l'habitude de passer à cet endroit. Phatir et ses esclaves se jettent sur Priscus, qui n'était accompagné que de quelques amis, comme lui sans défense, en font un vrai carnage et se réfugient dans l'intérieur de Saint-Julien, l'asile le plus proche. A la vue des cadavres, une foule indignée cerna l'église en poussant des cris de mort. Phatir parvint à s'évader, et ses serviteurs, se sentant perdus, convinrent, pour échapper à la torture, que l'un d'eux tuerait les autres, puis se percerait lui-même de son épée. L'esclave exécuteur de la volonté commune, frappa ses compagnons l'un après l'autre, mais, quand il se vit seul, il fut pris d'un accès de frénésie, se précipita, l'épée encore dégouttante de sang, sur les assiégeants, et vendit chèrement sa misérable vie.

Voilà par quel guet-apens tragique commence l'histoire des juifs de Paris ; elle se continue par une interminable série d'odieuses persécutions. Le peuple fanatisé les accuse des crimes les plus absurdes ; aucune corporation ne voudrait admettre un de leurs enfants comme apprenti ! Il ne leur reste donc, comme moyen d'existence, que le trafic de l'argent, dans lequel, hélas ! ils excellent. Les rois et les nobles en font les jouets de leur cupidité, les bannissent pour saisir leurs biens, et les rappellent pour leur vendre le droit de rentrer. L'Église leur reproche de recevoir, en gage de leurs prêts, des crucifix, des vases sacrés, des ornements d'autel ; mais que dire alors des ecclésiastiques qui les leur confiaient ?

Ils furent expulsés par Dagobert, par Philippe Ier, par Philippe Auguste, Philippe le Bel, Philippe de Valois, Jean le Bon, Charles V, et, chaque fois, ils obtinrent leur retour à prix d'argent et en se soumettant à toutes les humiliations. A la fête de Pâques, on en soufflette un à la porte de la cathédrale ; ils doivent, quand ils sortent, porter une corne à leur bonnet et une rouelle de drap jaune à l'épaule ; il leur est défendu de se baigner dans les mêmes rivières que les chrétiens, et de toucher aux vivres dans les marchés. Philippe Ier leur assigne pour demeure le quartier des Champeaux, près les Halles, vrai *Ghetto* parisien, réseau de ruelles tortueuses fermées de portes ; les rues de la *Poterie*, de la *Triperie*, de la *Chaussetterie*, de la *Cordonnerie*. On les trouve, au siècle suivant, rues des Lombards, des Juifs, de Judas, Quincampoix ; on leur tolère près de la rue de la Tixeranderie, une synagogue, que le peuple appelle par dérision le *Pet-au-Diable* ; ils ont deux cimetières, l'un rue Galande, l'autre rue de la Tannerie, pour lequel ils paient cinq sous de cens aux religieux de Saint-Magloire.

Pendant la semaine sainte, on les lapide dans les rues, on brise à coups de pierres les fenêtres de leurs maisons. A chaque départ pour les croisades, on les massacre ; le zèle chrétien va si loin que les papes sont obligés de les prendre sous leur protection ; Philippe le Bel en fait brûler treize en un seul jour de l'année 1288 ; Charles VI en fait fouetter sept, pendant trois samedis, aux Halles, à la Grève et à la place Maubert.

Écoutez Joinville nous raconter comment on s'y prenait pour

TOUR DU PET-AU-DIABLE, rue du Tourniquet Saint-Jean.

les convertir, sous le doux saint Louis ; c'était dans une grande conférence de clercs et de juifs :

« Un vieux chevalier se leva, s'appuya sur sa béquille, et dit qu'on lui fît venir le plus grand clerc des juifs. — Maître, fit-il, croyez-vous que la Vierge Marie ait enfanté vierge, et qu'elle soit mère de Dieu ? — Et le juif répondit que de tout cela il ne croyait rien. — Vraiment, fit le chevalier, vous avez agi en fou, quand, ne croyant en elle ni ne l'aimant, vous êtes entré en son église, et vous allez le payer. — Et alors, il leva sa béquille, frappa le Juif près de l'oreille, et le jeta à terre. Les juifs s'enfuirent, emportant leur maître tout blessé, et ainsi finit la conférence. »

Les païens avaient chargé les chrétiens de tous les crimes :

CLOÎTRE DU XVe SIÈCLE, rue des Billettes.

athéisme, magie, promiscuité immonde, et, pour couronner le tout, sacrifices d'enfants ! Les chrétiens victorieux ne rougirent pas de faire peser, à leur tour, sur les juifs, ces accusations monstrueuses ou ineptes ; nous les avons vues se reproduire, aussi bêtement, récemment encore, en Allemagne. Au moyen âge, elles avaient le bûcher pour conclusion fatale.

Sous le règne de Philippe le Bel, vivait, avec sa famille, dans la petite rue des Jardins — aujourd'hui rue des Archives — un juif nommé Jonathas. Il avait pour voisine l'une de ces abominables mégères qui pour le seul plaisir de caqueter, feraient pendre leur père, leur mère et leur gendre. Cette misérable gueuse l'accusa de s'être procuré frauduleusement une hostie, de l'avoir percée à coups de canif, puis de l'avoir jetée dans un vase d'eau bouillante... Elle avait vu, de ses vilains yeux vu, ce qui s'appelle vu, le sang couler de l'hostie, et celle-ci voltiger au-dessus de la chaudière ! Elle la recueillit dans sa robe et la porta précieusement au curé de Saint-Jean-en-Grève, enchanté qu'un tel miracle se fût produit sur sa paroisse. Jonathas fut mis à la torture et brûlé vif ; sa demeure, la *maison où Dieu fut bouilli*, devint un objet d'exécration pour les bons catholiques : elle fut démolie et remplacée par une communauté dont vous pouvez aller voir l'élégant petit cloître, affecté maintenant à une école communale.

SCEAU DES CARMES-BILLETTES (Coll. des Archives).

On distingue le profanateur soufflant le feu sous une chaudière, d'où sort le Christ en croix. Au-dessous, quatre moines joignant les mains, offrant à Dieu des prières expiatoires.

Sous Charles VI, une grande émotion éclata dans toute la ville ; le bruit courut que les juifs avaient crucifié un enfant chrétien, le Vendredi saint. Le roi, par ses lettres patentes du 17 septembre 1394, les exila de ses états, « tant en Languedoil comme en Languedoc, » et cette fois « à perpétuité.. » Leurs supplications furent vaines, ils durent se décider à disparaître de Paris, et émigrèrent presque tous à Metz, alors ville libre de l'empire d'Allemagne.

S'il n'y eut plus dès lors que bien peu de juifs à Paris, il y en eut toujours en France : ceux de Metz redevinrent français lorsqu'Henri II s'empara de cette ville ; ceux d'Alsace, par la conquête de Louis XIV ; ceux d'Avignon, par la réunion du Comtat Venaissin, en 1791 ; les habitants de Bayonne et de Bordeaux accueillirent avec bienveillance ceux que l'Inquisition chassa d'Espagne et du Portugal, au XVIe siècle. A Paris même, il s'en glissa quelques-uns : François Ier ne craignit pas de choisir deux juifs pour enseigner l'hébreu au Collège de France, Paul Paradis et Agathias Guidacerio ; le chancelier de l'Hospital passait pour le petit-fils d'un médecin juif d'Avignon. En 1701, il n'y avait que quatre familles juives à Paris ; mais le droit de séjour ayant été accordé moyennant finance, il y en avait près de cinq cents en 1780.

L'Assemblée nationale accorda les droits civils et politiques aux juifs d'Avignon et de Bordeaux, dès le 28 janvier 1790. Ce ne fut que le 27 septembre 1791, après bien des hésitations, qu'elle se décida à traiter aussi favorablement ceux de Metz et d'Alsace, auxquels on reprochait l'habitude de l'usure ; encore, par un reste de méfiance, exigea-t-elle d'eux qu'ils prêtassent le serment civique. On voulut leur faire bien comprendre qu'ils devaient cesser d'être des *Israélites,* en devenant des *Français.*

Napoléon Ier fut obligé de traiter avec rigueur ces mêmes juifs d'Alsace-Lorraine. En 1805, mécontent de leurs spéculations sur les biens nationaux, il suspendit pour un an l'exécution des jugements qu'ils avaient obtenus contre leurs débiteurs ; en 1808, il leur imposa un régime exceptionnel de dix années, pendant lesquelles ils ne pourraient ni faire le commerce des immeubles, ni se faire remplacer pour leur service militaire. Il donnait en même temps à tous les israélites de France une organisation religieuse, des synagogues, des consistoires, des rabbins. Ce fut Laffite qui, pendant son ministère, en 1831, les fit admettre à une subvention du budget des cultes, comme les catholiques et les protestants.

Nos pères, dans leur naïveté, avaient cru, en chassant les juifs, chasser de la noble terre de France l'usure et l'agiotage. Ils furent bien détrompés par la tourbe des traitants ou maltôtiers, plus catholiques pratiquants les uns que les autres, auxquels il fallut faire rendre gorge, comme à de simples juifs, pendant tout le dix-septième et le dix-huitième siècle. En 1716, un trésorier général, nommé Paparel, fut condamné à la potence, et deux collecteurs, Le Normand et Gruel, avant d'être exposés au pilori et conduits aux galères, furent promenés à travers nos rues, pieds nus, en chemise, avec cet écriteau dans le dos : *Voleurs du peuple*. Leurs complices furent contraints de restituer à l'État plus de deux cent mille livres.

Ces deux financiers de haut vol, qui allaient exactement à la messe, n'en étaient pas moins des *juifs*, dans le sens que l'on donne souvent à ce mot à double entente : « Quiconque ne produit rien, et cherche à accaparer légalement la fortune d'autrui, est juif. » C'est contre ces juifs-là, et contre ceux-là seulement, qu'une campagne peut être ouverte ; car de recommencer les guerres de Religion, en cette fin du dix-neuvième siècle, où chacun revendique l'indépendance de la pensée, il n'y a pas âme qui vive pour y songer une minute. Quant à la majorité des israélites, à ceux qui sont loin d'être tous des capitalistes, ils ne peuvent oublier que la France est la seule nation qui leur ait donné l'égalité absolue, alors qu'elle leur était refusée dans le reste de l'Europe ; alors qu'en Angleterre ils n'ont été admis à siéger au Parlement qu'en 1858. C'est à eux d'apaiser bien des préjugés enracinés, en se montrant de plus en plus dignes de leur qualité récente de citoyens, et en entrant chaque jour plus intimement dans la grande famille française.

XXVI

VOLTAIRE AU PANTHÉON EN 1791

Il y avait, en 1778, vingt ans que Voltaire, retiré dans sa seigneurie de Ferney, annonçait chaque matin à ses innombrables correspondants qu'il n'était plus « qu'un peu en vie, » et que dans quelques jours il aurait terminé sa « chétive existence. »

Cet espiègle mourant n'en avait pas moins atteint très allègrement sa quatre-vingt-quatrième année, quand, sur les instantes sollicitations de ses amis, il se décida enfin « à revenir boire l'eau de la Seine, » moins malfamée alors que maintenant. Il arriva à Paris, le mardi 10 février 1778, à quatre heures du soir, descendit chez le marquis de Villette, à cet hôtel de la rue de Beaune qu'une inscription nous fait encore remarquer aujourd'hui[1], et, malgré la fatigue d'un si long voyage en cette saison, il trouva la force d'aller immédiatement rendre visite à celui qu'il aimait le plus, « son ange, » le comte d'Argental, logé, il est vrai, tout près, sur le quai d'Orsay.

Chez M. de Villette, Voltaire était d'ailleurs à quatre pas des deux « tripots » qui l'attiraient : l'Académie, au Louvre, et la Comédie-Française, installée dans la salle des Tuileries, en

1. Inscription placée par les soins de la Ville, à l'angle du quai Voltaire et de la rue de Beaune :

VOLTAIRE
NÉ A PARIS
LE 21 NOVEMBRE 1694
EST MORT
DANS CETTE MAISON
LE 30 MAI 1778.

attendant que les architectes Peyre et de Wailly pussent lui livrer la salle de l'Odéon.

On sait de quelles ovations enthousiastes il fut l'objet. Plus de trente cordons bleus se font inscrire à son hôtel; le prince de Beauveau va l'y complimenter au nom de l'Académie; les comédiens français y viennent lui rendre hommage; la Loge les *Neuf Sœurs* l'agrée parmi ses membres. Il reçoit les visites du duc de Richelieu, de d'Alembert, de Franklin, de Mme Necker, de l'ambassadeur d'Angleterre, de la du Barry, de Gluck; la jeune reine et le comte d'Artois font prendre de ses nouvelles; le roi commande son buste à Pigalle, et, pour comble de succès, l'archevêque de Paris, Christophe de Beaumont, demande qu'on l'exile.

La foule le suivait à l'Académie, où il pressait les travaux du Dictionnaire historique, et se chargeait de la lettre A. On le voyait sortir du Louvre et traverser la place du Carrousel pour se rendre aux Tuileries, où il surveillait les répétitions d'*Irène*. Cette tragédie fut enfin jouée le 16 mars et, à la représentation du lundi 30, Voltaire, forcé par les spectateurs de se mettre au premier rang, assista vivant à son apothéose. L'acteur Brizard, le prince de Beauveau, le couronnèrent d'abord dans sa loge, puis son buste fut placé sur la scène et couvert de fleurs, tandis que la salle entière debout applaudissait Mme Vestris, qui, entourée de tout le personnel de la Comédie, récitait des vers en l'honneur du défenseur des Calas et des Sirven. Les femmes l'embrassaient; les hommes « se disputaient la gloire de l'avoir soutenu un moment sur le grand escalier; chaque marche lui offrait un secours nouveau, » et lui, enivré de joie, disait : « Mes amis, vous voulez donc me faire mourir de plaisir! »

La mort, qu'il narguait depuis si longtemps, le prit cette fois au mot. Surmené au moral et au physique, affaibli par de fréquentes hémorragies, il s'inquiéta de sa fin et des embarras que les autorités religieuses pouvaient causer à son hôte. « Je ne veux pas, s'écriait-il, être jeté à la voirie, comme j'y ai vu jeter la pauvre Le Couvreur! » D'Alembert lui conseillait « *de se conformer à l'usage*, comme tous les philosophes qui l'avaient précédé. »

Voltaire céda, il écouta l'abbé Gaultier, aumônier des Incurables ; mais, sur le point d'expirer, le vieil homme se réveilla en lui, et il ne put résister à l'envie de placer encore un bon mot. Au curé de Saint-Sulpice, qui le sommait de reconnaître la divinité de Jésus-Christ, il répondit : « Au nom de Dieu, monsieur, ne me parlez plus de cet homme-là, et laissez-moi mourir en paix ! »

Hommages rendus à Voltaire
sur le Théâtre-Français, le 30 mars 1778, après la sixième représentation d'*Irène*.

Après une telle incartade, il ne fallait plus songer à obtenir une sépulture à Paris, et alors se passa l'une de ces scènes inénarrables où le comique frôle le tragique : le neveu de Voltaire, l'abbé Mignot, conseiller-clerc au Parlement, était en même temps commendataire de l'abbaye de Scellières en Champagne ; il se montra à la hauteur des circonstances, s'arma d'une résolution héroïque, enveloppa d'une robe de chambre le corps encore chaud de son oncle, lui couvrit la tête d'un bonnet enfoncé sur les yeux, et l'emporta hâtivement à Scellières, en chaise de poste. Il raconta aux bons religieux que Voltaire était mort pendant le voyage, et,

ESTAMPE ALLÉGORIQUE DU COURONNEMENT DE VOLTAIRE. Gravure de Dupin (musée Carnavalet).

sans perdre une seconde, le fit inhumer dans la nef de l'église. La cérémonie était à peine achevée, que l'évêque de Troyes, prévenu par toutes les dévotes de Paris et de Versailles, envoyait — mais trop tard, hélas ! — lettres sur lettres pour défendre l'enterrement.

De 1778 à 1791, treize années qui semblent un siècle ! Le clergé, de persécuteur, était devenu persécuté ; l'abbaye de Scellières avait été vendue par la Nation, et l'Assemblée constituante se demandait ce qu'allaient devenir les restes de Voltaire ; le 30 mai 1791, elle décréta qu'ils seraient transférés au Panthéon.

RETOUR DE VARENNES. ARRIVÉE DU ROI A PARIS (25 juin 1791).

Le lundi 11 juillet, Paris entier se donna rendez-vous sur les ruines de la Bastille où le corps était arrivé la veille. Les esprits étaient surexcités par les événements des trois dernières semaines, la fuite du roi à Varennes, son retour forcé, la suspension de ses pouvoirs, sa captivité aux Tuileries. Exalter Voltaire, le précurseur et le prophète de la Révolution, c'était jeter un défi à la Royauté et à l'Église. Cent mille hommes vinrent l'accompagner ; l'animation de cette foule immense était d'autant plus grande que quelques opposants avaient cherché à y jeter le trouble ; il avait plu toute la matinée, et le ciel lui-même, disaient-ils, s'opposait « à cette fête sacrilège. »

Le soleil brilla pourtant, quand s'ébranla le char, traîné par douze chevaux blancs. Sur un lit funèbre, on voyait l'image endormie du philosophe. Le cortège n'était point formé de figurants payés pour satisfaire une curiosité frivole, mais des représentants de tout ce qui faisait alors la force et la gloire de la cité : les membres de l'Assemblée, de la municipalité, du département ; l'armée, la garde nationale, les Sociétés patriotiques ; les élèves des collèges, des écoles d'art, du Conservatoire ; les membres des

Quai des Tuileries. Pont-Royal. Quai des Théatins, aujourd'hui quai Voltaire.

TRIOMPHE DE VOLTAIRE (11 juillet 1791).

Académies, les acteurs et les actrices des théâtres ; les corporations d'artisans et, plus particulièrement, les ouvriers d'imprimerie et les démolisseurs de la Bastille. Les symboles portés par des groupes de citoyens n'étaient pas des jouets de carton peint ; ils parlaient aux esprits et aux cœurs par leur réalité ; c'étaient les chaînes, les carcans, les instruments de torture trouvés dans les prisons ; le procès-verbal des électeurs de 89 ; le plan en relief de la Bastille ; la statue de Voltaire d'après Houdon ; une cassette renfermant les soixante-dix volumes de ses œuvres ; une presse ambulante qui frappait, en marchant, des hommages à sa mémoire. Beaumarchais lui-même, à la tête d'une longue file d'hommes de lettres, n'avait pas dédaigné de suivre l'arche qui contenait l'édition de Kehl imprimée par ses soins. Les tambours voilés de crêpe battaient des charges funèbres auxquelles se mêlaient les salves d'artillerie des canons qui roulaient derrière eux.

La longue théorie fit une première station devant l'Opéra, qui était alors à la porte Saint-Martin. Une députation des principaux sujets, en habits de théâtre, se plaça devant le char et ne le quitta plus. La marche continua ainsi le long des Boulevards, si différents de ce qu'ils sont devenus depuis. A droite : le petit *cimetière Bonne-Nouvelle* (Gymnase) ; l'*hôtel et les jardins de Samuel Bernard* (rue Rougemont) ; la *Caserne des gardes françaises*, à l'angle de la rue *Mirabeau* (chaussée d'Antin) ; — à gauche : l'*hôtel de Montmorency* (Panoramas) ; *Frascati* ; les *Italiens*[1] ; le *Pavillon de Hanovre*, dépendance de l'hôtel de Richelieu ; le couvent des *Capucines*, transformé en salle de danse ; l'hôtel du *maire de Paris*, Bailly ; la maison de *Lavoisier*. Le cortège tourna à la Madeleine, traversa la place du Roi-Louis-XV, dont la statue allait être renversée un an après, et suivit le quai des Tuileries. Caché derrière une croisée du pavillon de Flore, Louis XVI put réfléchir amèrement au contraste de la joie bruyante de cette journée, avec l'accueil glacial qui lui avait été fait à son retour de Varennes.

S'il en eût douté, il aurait été cruellement détrompé en entendant des milliers de voix faire retentir à ses oreilles le chant que Voltaire met dans la bouche de Samson :

> Peuple, éveille-toi, romps tes fers,
> Remonte à ta grandeur première...
> La liberté t'appelle ;
> Tu naquis pour elle !...[2]

Le char franchit le Pont-Royal et s'arrêta en face de ce même hôtel de Villette d'où le cadavre avait été enlevé furtivement treize ans auparavant. Quatre peupliers avaient été plantés devant la façade, sur laquelle on lisait : *Son esprit est partout et son cœur est ici !* Mme de Villette — celle que Voltaire appelait *Belle-et-Bonne*, — accompagnée de Mlles Calas et d'un chœur de jeunes filles vêtues de blanc, se mêla au cortège qui se dirigea vers le Théâtre-Français,

1. Où était le théâtre de l'Opéra-Comique, brûlé de nos jours.
2. Opéra de Voltaire, musique de Rameau ; représenté en 1732.

l'Odéon, où l'attendaient sur les degrés Larive, Mmes Raucourt et Contat.

La pluie redoubla dans la soirée, sans décourager le concours incroyable de ce peuple. C'est à la lueur des torches que, vers dix heures, arriva au Panthéon « l'exilé, le fugitif, qui n'eut pas de lieu ici-bas, qui vécut comme l'oiseau sans nid, » et qui semblait devoir dormir en paix dans l'embrassement de la France.

LE PAVILLON DE HANOVRE.
Gravure représentant l'action entre le régiment de Royal-Allemand et un détachement de gardes-françaises le 12 juillet 1789 (Bibliothèque Nationale).

Cette fête fut belle entre toutes ; ce fut la réparation bien due au plus grand génie du XVIIIe siècle ; je ne puis la comparer qu'aux obsèques grandioses que nous avons vu faire à Victor Hugo.

Si l'on sait à peu près comment l'on entre au Panthéon, on ne saura jamais assez comme on en sort. Le jour même où l'on y introduisait Marat, Mirabeau en était banni, et, dernièrement encore, on cherchait vainement ses os près de l'ancien cimetière de Clamart, où il fut enfoui. Quant à Marat, on ne l'y garda que six mois, et ce qui reste de lui gît quelque part, sous un amas de détritus, derrière une barrière en planches, en face de Saint-Étienne-du-Mont.

La famille de Le Peletier de Saint-Fargeau n'évita la même ignominie qu'en faisant enlever son corps, au moment où on allait l'exhumer et le porter à la voirie.

Enfin, l'on dit tout haut que, sous la Restauration, le tombeau de Voltaire fut profané; que sa dépouille, comme celle d'Adrienne Le Couvreur, fut mise la nuit dans un sac et jetée dans quelque égout, près de la Bièvre; que, depuis soixante ans, ses admirateurs s'inclinent sur une tombe vide... Aucun de nos gouvernements successifs n'a osé tenter « la démonstration par le fait, » en soulevant la pierre pour savoir ce qu'il y a dessous.

XXVII

A L'ÉCOLE DES BEAUX-ARTS

Les élèves de l'École ont pris possession, il y a déjà quelques années, de l'hôtel de Chimay, fort habilement approprié à leur usage. Les ateliers de peinture de MM. Bonnat, Gérôme, Gustave Moreau, occupent le premier étage du bâtiment central ; les sculpteurs, le rez-de-chaussée ; les architectes, les deux ailes. Les onze nouvelles salles, ainsi que les nombreuses loges destinées aux concours, sont plus grandes, mieux éclairées et mieux aérées que les anciennes. L'aspect sévère des façades du XVIIe siècle a été conservé, conformément aux conventions faites avec le prince de Chimay.

L'histoire de Paris n'étant pas enseignée à l'École, la plupart des jeunes gens qui la fréquentent ignorent qu'ils foulent chaque jour un sol assez riche pour fournir en abondance les motifs de composition les plus pittoresques et les plus suggestifs à ceux d'entre eux qui voudraient en évoquer les souvenirs locaux.

Jusqu'en 1632, il n'y eut aucun pont sur la Seine entre le Pont-Neuf et le pont de Saint-Cloud. On passait l'eau dans un batelet, devant la grande galerie du Louvre, pour six deniers, et l'on débarquait au quai « Malacquest, » qui ne commença à être bordé d'hôtels que vers cette époque. L'un des plus beaux fut celui que fit élever le financier La Bazinière, propriétaire également du n° 21 de la rue Croix-des-Petits-Champs, où a débuté le journal *L'Éclair*.

Après la mort de Mazarin, on fit rendre gorge à La Bazinière, comme aux autres traitants, et son hôtel du quai passa au duc de Bouillon, « fort bon homme, dit Saint-Simon, prince tant qu'il pouvait, esprit extrêmement court, » époux très myope de cette Marie-Anne Mancini, l'une des cinq nièces de Mazarin, qui fut un instant accusée, devant la Chambre ardente, d'avoir acheté du poison à la Voisin. La Reynie, président du tribunal, ayant eu la sottise de lui demander si elle avait vu le diable, elle répondit : « Je le vois en ce moment ; il est vieux et fort laid, et il est déguisé en conseiller d'État ! » C'est dans les galeries et les salons de l'hôtel, décorés de la *Pandore* de Le Brun, d'un *Port de mer au clair de lune* de Claude Lorrain, d'un *Berger* de Téniers, des *Aventures de Médée et de Jason* par Le Sueur, d'un *Portrait du cardinal de Bouillon* par Rigaud, qu'elle « tenait grande table soir et matin, grand jeu, et réunissait la plus grande, la plus illustre et souvent la meilleure compagnie, » sans compter La Fare, Chaulieu, et La Fontaine qui lui dédia les *Amours de Psyché*.

En 1823, l'hôtel fut acheté sept cent mille francs par le banquier Pellaprat, qui le laissa à son gendre, M. de Chimay. Celui-ci habitait le rez-de-chaussée du fond, sur le jardin, et louait l'une des boutiques au sympathique éditeur Champion ; l'aile gauche, à M. le docteur Charcot ; l'aile droite, à Mme veuve Buloz et à M. Édouard Pailleron ; le second étage, à M. Gonse, le célèbre critique d'art.

Toute cette région, *Grand* et *Petit Pré-aux-Clercs*, séparée de Paris par l'enceinte de Philippe Auguste, qui partait de la tour de Nesle et suivait la direction actuelle de la rue Mazarine, avait été longtemps le champ clos des combats homériques des écoliers de l'Université et des moines de Saint-Germain-des-Prés. Au XVIe siècle, le bourg et le faubourg Saint-Germain perdirent leur aspect champêtre. L'un des plus acharnés ligueurs, le vieux cardinal de Bourbon, fit construire le magnifique palais abbatial, brique et pierre, que l'on voit encore au bout de la rue Furstenberg. Il devint à la mode d'aller habiter ce nouveau quartier, et de riches maisons s'y élevèrent rapidement pour les ducs de Savoie[1], de Montpensier[2], de Luxembourg[3] ; pour les Gondy, les La Rochefoucauld, les Cossé. Beaucoup de Réformés y portèrent leurs pénates : Clément Marot, rue de Tournon ; Jean Cousin, rue des Marais ; Palissy, rue du Dragon ; Ambroise Paré, rue Garancière[4] ; du Cerceau, rue des Marais et rue du Colombier.

Au printemps de 1559, ils se plaisaient à se mêler chaque

LE JARDIN DE L'ÉCOLE DES BEAUX-ARTS.

soir aux écoliers qui s'ébattaient au Pré-aux-Clercs, et les engageaient à chanter avec eux les psaumes de David, traduits en français par Marot. Le roi de Navarre, Antoine de Bourbon, et sa femme, Jeanne d'Albret, ne manquaient jamais de s'y rendre, et chantaient les premiers. Nombre de courtisans se joignaient à eux. Au Louvre même, Catherine de Médicis, abandonnée pour Diane de Poitiers, s'appliquait ce verset du psaume 6 : « Je me suis fatiguée à gémir ; chaque nuit ma

1. De *Savoie*, rues de Tournon, Saint-Sulpice et Garancière.
2. De *Montpensier*, rue de Tournon et rue Garancière.
3. De *Luxembourg*, rue de Vaugirard.
4. Ambroise Paré demeura plus tard et mourut rue de l'Hirondelle.

couche est baignée de mes larmes, » et Henri II, chasseur intrépide, aimait à fredonner le psaume 41 : « Comme le cerf altéré brame après l'eau d'une source, mon âme soupire après toi, ô mon Dieu ! » Mais ces jeux dangereux ne durèrent pas : Henri II flaira l'hérésie, et les docteurs catholiques, scandalisés, obtinrent de lui qu'il défendît ces réunions, sous peine des derniers supplices.

Il y avait alors — il y a toujours en face de l'École — une ruelle sombre et étroite, que l'on appelait la rue des Marais, ou « *la petite Genève* », et qu'on a baptisée de nos jours du nom de *Visconti*. Là demeuraient le peintre Jean Cousin, qui s'avisa dans son *Jugement dernier* de placer le pape en enfer ; l'architecte du Cerceau, qui y construisit, pour son usage, une maison « avec grand art et plaisir, » et enfin un nommé Le Visconte, chez lequel « on mangeait de la chair aux jours défendus ! » Le lieutenant criminel, Thomas de Bragelonne, à la tête d'une cinquantaine de sergents, le surprit, un vendredi, avec seize délinquants, à table. Plusieurs se défendirent vigoureusement ; mais Le Visconte fut arrêté, ainsi que sa femme, ses enfants, son vieux père, « promené dans les rues, un chapon lardé devant lui, pour servir d'exemple au peuple, et jeté dans un cachot du Châtelet, où il périt de misère. »

Des « conventicules d'hérétiques » s'assemblaient aussi chez Michel Gaillard, seigneur de Longjumeau, qui demeurait sur le *Chemin aux vaches* (rue Saint-Dominique). Les écoliers vinrent l'y attaquer ; les protestants résistèrent et soutinrent un véritable siège de quatre jours, au bout desquels la populace furieuse passa par la brèche, renversa les murs de clôture, brisa les portes et les verrières, et brûla les meubles. Le Parlement ne sut qu'ordonner au seigneur de Longjumeau de se retirer avec sa femme et sa famille « pour éviter tout désordre, et ce, sous peine d'être déclaré rebelle au Roi et à sa justice. »

Lors de la Saint-Barthélemy, Charles IX, d'une des fenêtres du Louvre donnant sur la rivière, *giboya* ceux de ses amés et féaux sujets qui s'efforçaient de traverser la Seine à la nage, pour se mettre en sûreté dans le faubourg Saint-

Germain [1]. Beaucoup de gentilshommes huguenots, qui y étaient logés, n'apprirent que le matin les événements de la nuit, et eurent encore le temps de prendre la fuite, vainement poursuivis jusqu'à Montfort-l'Amaury par la horde des « massacreux » aux gages de Guise et du bâtard d'Angoulême.

La conversion d'Henri IV mit fin aux guerres de Religion. Son épouse divorcée, Marguerite de Valois, menait encore de front, malgré le poids des années, la galanterie et la dévotion la plus exaltée.

ARC PROVENANT DU CHATEAU DE GAILLON, DANS LA COUR DE L'ÉCOLE DES BEAUX-ARTS.

A peine de retour à Paris, en 1605, après vingt ans d'exil, elle fit trancher la tête à l'un de ses serviteurs, qui, d'un coup de pistolet, avait tué devant elle son écuyer. Effrayée par l'image de ces meurtres, elle délogea, la nuit même, de l'hôtel de Sens, où le crime avait été commis, « en protestant de jamais n'y rentrer. [2] »

1. Le fait, d'ailleurs trop vraisemblable, est attesté par les contemporains : Brantôme, L'Estoile, d'Aubigné, Goulard.

Le doute ne peut guère porter que sur le lieu du crime. Si le beau balcon qui termine la Petite-Galerie n'était pas encore construit, il y avait en cet endroit une tourelle à meurtrières. Brantôme et Goulard indiquent la *fenêtre de la chambre du Roi*. Elle était au premier étage du pavillon carré du sud-ouest, terminé depuis 1556 et dont les baies donnaient sur la rivière, à une distance qui n'excédait pas la portée d'une arquebuse, et l'on sait que Charles IX était habile tireur.

2. Ancien hôtel des archevêques de Sens, habité fréquemment par eux tant qu'ils furent métropolitains de Paris, c'est-à-dire jusqu'au 20 octobre 1622, époque où Jean-François de Gondy fut nommé archevêque de Paris, succédant à son frère Henri qui mourut le 13 août 1622, et fut le dernier évêque de Paris.

L'hôtel de Sens fut dès lors abandonné, et servit à diverses industries, messageries, roulage, etc. ;

C'est à cette époque qu'elle vint se fixer jusqu'à la fin de ses jours au faubourg Saint-Germain. Elle acheta tous les terrains encore libres du Petit et du Grand Pré-aux-Clercs, et y fit construire un véritable palais dont les terrasses descendaient aux parterres par une double rampe ; elle y ajouta un parc immense aux longues et larges allées, et en laissa la jouissance au public. Dans l'une des dépendances, elle fonda un couvent de Petits-Augustins, où quatorze religieux devaient « se relever deux à deux, d'heure en heure, pour chanter sans trêve, jour et nuit, des hymnes dont elle composait la musique. » C'est au milieu de ces édifiantes occupations qu'elle mourut, le 27 mars 1615, léguant ses biens au jeune roi Louis XIII.

Elle n'avait oublié qu'un point, c'était de payer ses énormes dettes : aussi fallut-il tout vendre pour satisfaire les créanciers. L'adjudication eut lieu en 1622, et produisit 1,315,000 livres tournois. Sur l'emplacement furent percées la rue de Verneuil, la rue de Beaune, la rue de Lille, qui représentent les principales avenues du parc.

Le couvent des Petits-Augustins fut seul épargné. En 1790, il fut désigné par l'Assemblée nationale pour recevoir les trésors de peinture et de sculpture contenus dans les établissements religieux supprimés. Un artiste, courageux entre tous, M. Alexandre Lenoir, se rencontra, prêt à sauver, au risque de sa vie, tous ces restes précieux, et à en former l'inoubliable *Musée des Monuments Français*. Il en fut nommé administrateur, et l'inaugura le 1er septembre 1795. C'est à lui qu'on doit la conservation des fragments d'Anet, de Gaillon, d'Écouen, qui décorent si magnifiquement la cour d'entrée de l'École des Beaux-Arts. Pendant sa longue et belle carrière il a contribué de toutes ses forces à réhabiliter l'art du moyen âge, si injustement méconnu depuis Louis XIV.

La Restauration dispersa les œuvres réunies au musée, pour les restituer aux églises et aux familles. Une ordonnance, du 24 avril 1816 le remplaça par l'École des Beaux-Arts. Les constructions modernes font le plus grand honneur aux architectes Debret et

c'était dernièrement une confiturerie !.... Ni la Ville, ni l'État ne se décident à faire les sacrifices nécessaires pour l'acquérir et assurer sa conservation.

Duban. Des anciens bâtiments du couvent, il ne subsiste plus que l'église, où l'on a placé la belle copie du *Jugement dernier*, de Michel, Ange, par Sigalon, et la chapelle de la reine Margot, élégant édifice hexagonal, surmonté d'une coupole, la seconde, je crois, qu'on ait vue à Paris, la première étant celle de l'escalier de Philibert de l'Orme, aux Tuileries. L'adjonction du jardin de l'hôtel de Chimay permettra peut-être de relever, comme on l'a fait si heureusement à Cluny, les nombreux débris qui, depuis près d'un demi-siècle, gisent çà et là, au milieu des ronces.

LE PORTAIL DU CHATEAU D'ANET, DANS LA COUR DE L'ÉCOLE DES BEAUX-ARTS.

Accompagnez-moi encore un instant, et retournons rue Visconti. Regardez, à main droite, cette inscription, nº 21 : *Hôtel de Rannes. Champmeslé et Clairon y ont habité. Racine y est mort, le 21 avril 1699; Adrienne Lecouvreur, en 1730.*

Celle-ci rappelle une énigme insoluble. A-t-elle été empoisonnée par une rivale, la duchesse de Bouillon — belle-fille de Marie-Anne Mancini, — qu'elle avait osé regarder fixement, en prononçant ces vers :

> ..... Je sais mes perfidies,
> Œnone, et ne suis point de ces femmes hardies
> Qui, goûtant dans le crime une tranquille paix,
> Ont su se faire un front qui ne rougit jamais,

ce dont toute la salle s'aperçut, et ce que la duchesse n'aurait pas pardonné ?

Phèdre fut trois jours agonisante. Le curé de Saint-Sulpice, Langey, se refusa obstinément à lui accorder « le peu de terre, qu'à grand'peine on avait obtenu pour Molière, » et le procureur du roi conclut à l'enfouissement...[1] Deux portefaix, quand le soir fut

1. Voltaire s'était écrié à ses derniers moments : « Je ne veux pas être jeté à la voirie, comme la

venu, mirent leur fardeau en fiacre, et déposèrent dans un trou, à quelque coin perdu de la rue de Grenelle et de la rue de Bourgogne,

Celle qui dans la Grèce aurait eu des autels!

pauvre Lecouvreur! » J'ai raconté déjà comment des fanatiques s'y prirent pour le « dépanthéoniser » nuitamment.

D'Argental avait quatre-vingt-six ans, lorsque, en 1786, on vint lui dire que le corps d'Adrienne avait été enfoui dans un terrain à l'angle des rues de Grenelle et de Bourgogne. Il s'y serait fait conduire et aurait fait sceller dans un mur voisin une plaque commémorative de l'événement ?... Mais qu'est devenue cette plaque, si elle a jamais existé ?... Elle aurait figuré plus tard dans la galerie de M. le comte de Béranger, propriétaire de l'ancien hôtel de Sommery, situé à l'angle sud de la rue de Grenelle et de la rue de Bourgogne ?

Le 11 floréal an V (30 avril 1797), « les comédiens français demandent à être autorisés à faire la recherche des cendres d'Adrienne Lecouvreur, et à les déposer dans le local affecté par la loi aux sépultures. » — Le 6 prairial (25 mai 1797), réponse affirmative de l'autorité, avec invitation aux membres du Bureau central du canton de Paris, « de seconder de tout leur pouvoir l'exécution de ce projet. »

XXVIII

UNE ENQUÊTE AU XVe SIÈCLE

Nil novi sub sole.

Bonnes gens qui pleurez vos économies perdues dans l'affaire du Panama, vous pouvez tout à votre aise crier à pleins poumons : « Au voleur ! » Quels que soient le nombre et la qualité des coupables que l'on parviendra à convaincre de leur turpitude, la République restera hors de cause ; elle ne se sentira pas atteinte, elle est sortie triomphante de bien d'autres épreuves.

Il y a toujours eu, hélas ! des concussionnaires, et ils furent légion sous la monarchie, parce qu'elle a eu une très longue durée. La Bruyère en connaissait déjà, et écrivait : « Sosie a passé de la livrée à une sous-ferme — on dirait de nos jours : *à une recette générale,* ou à la *présidence d'une grande compagnie,* — et, par les malversations, la violence et l'abus de ses pouvoirs, il s'est enrichi sur la ruine de milliers de familles. » Je n'ai donc que l'embarras du choix et je prends, comme exemple édifiant entre tous, le scandale qui éclata dans Paris au commencement du règne de Louis XII, alors qu'une terrible catastrophe fit découvrir à quel effronté pillage des deniers publics se livraient les honorables élus du peuple... au bon vieux temps !

Le vendredi matin 25 octobre 1499, on s'apprêtait à célébrer la joyeuse fête des saints Crespin et Crespinien : déjà patrons et compagnons cordonniers se groupaient autour de leur bannière d'azur, aux deux saints d'or et au tranchet d'argent, pour se rendre à leur chapelle de Notre-Dame et à celle des Quinze-Vingts, quand une sinistre nouvelle se répandit dans Paris. Un charpentier accourut tout essoufflé chez le lieutenant criminel Jean Papillon, et lui annonça que le pont Notre-Dame — ce pont en bois dont jadis Charles VI avait posé le premier pieu, « l'un des plus beaux ouvraiges qu'il y eust en France par l'uniformité des constructions, et le grant nombre des marchandises qui y estoient estalées » — s'écroulerait avant midi !... A neuf heures, un fracas épouvantable, qui retentit dans toute la ville, montrait que sa prédiction n'était que trop fondée. Le pont tout entier, *avec ses soixante-cinq maisons*, s'abîmait dans la rivière, dont les eaux, subitement gonflées, entraînaient les malheureuses lavandières de Glatigny. Un immense nuage de poussière obscurcissait l'air, et empêchait d'organiser les premiers secours. Beaucoup d'habitants étaient ensevelis sous les décombres ; la majorité pourtant avaient pu fuir, mais nus, ruinés, manquant de tout; un petit enfant, emmailloté et couché dans son berceau, allant au courant de l'eau, fut recueilli, nouveau Moïse, par des passeurs. C'était le désespoir et la misère profonde pour les survivants. On peut citer, parmi ceux-ci, les libraires Tréperel, éditeur de l'*Avocat Patelin*; Gille Hardouyn; Antoine Vérard, calligraphe et enlumineur, éditeur du *Décaméron*.

On craignit de voir une sédition furieuse s'élever contre le prévôt des marchands, Jacques Piedefer, et contre les échevins en exercice, Antoine Malingre, Louis de Harlay, Bernard Ripault et Pierre Turquant, sur lesquels pesait la plus grave responsabilité. Le Parlement, réuni d'urgence par les ordres du premier président Pierre Cohardy, n'hésita pas à les faire arrêter, avec les deux échevins précédents, Étienne Bouchet et Simon Aymet, le receveur Denis Hesselin, et le procureur Jacques Rebours. Ils furent remplacés par une commission provisoire.

Une enquête fut commencée immédiatement contre eux. Elle convainquit l'ancien prévôt et ses collègues : d'abord de négligence, en ce qu'ils n'avaient tenu aucun compte de fréquents avertissements sur l'état de dégradation des pilotis; puis de *détournements des fonds de la Ville* affectés à l'entretien du pont ! Par un arrêt de la Cour, ils furent condamnés à payer : Jacques Piedefer, mille livres d'amende; les deux échevins en charge,

Antoine Malingre et Louis de Harlay, ainsi que les deux anciens échevins, Étienne Bouchet et Simon Aymet, quatre cents livres d'amende; en outre, à la restitution de leurs gages, et — ô honte! — à être dépouillés de leurs précieuses robes mi-parties de satin cramoisi et tanné, doublées de velours fin! Tous les cinq furent déclarés inhabiles à occuper désormais aucune charge, et tenus à payer d'énormes dommages et intérêts envers leurs victimes. Ils moururent prisonniers et insolvables.

Le procureur Jacques Rebours fut élargi. Le vieux Denis Hesselin, frappé d'une amende de trois mille deux cent quatre-vingt-dix-sept livres, fut remis en liberté, grâce à l'intervention bienveillante du roi. C'était un personnage important : il avait été prévôt des marchands, et, trente-trois ans auparavant, Louis XI était venu souper chez lui, où « il avoit fait grand chère, et trouvé un beau baing, honestement et richement attintelé, pour illec prendre son plaisir et s'y baigner. » Denis Hesselin semble avoir trop aimé la dive bouteille, cause première et peut-être excuse de sa mauvaise gestion financière[1].

La commission provisoire dut ensuite céder la place à une municipalité régulière. Les conseillers de ville élurent pour prévôt Nicolas Potier, et pour échevins : Jehan de Marle, Jehan Le Lièvre, Henri Le Bègue et Jehan de l'Olive.

Pas une minute n'avait été perdue pour amoindrir le désastre, parer à tant de maux, déblayer les décombres, faire place nette, et reconstruire. Des notables se réunirent au Palais, et décidèrent que le pont serait cette fois rebâti en pierres de taille.

En attendant, ils assurèrent les communications entre les deux rives, au moyen d'un bac pour le service des passants, des charrettes et des marchandises, et s'occupèrent de réunir, même par voie de contrainte, le bois, la chaux, la pierre des carrières de

1. En effet Villon, qui le connaissait bien, lui donne dans son *Grand Testament* :

> Quatorze muids de vin d'Aulnis,
> Pris chez Turgis, à mes périls.
> S'il en buvoit tant que périz
> En fust son sens et sa raison,
> Qu'on mette de l'eau ès barrilz :
> Vin perd mainte bonne maison.

Notre-Dame des Champs, Saint-Marcel, Nigeon[1], Charenton, Ivry, Bougival. Comme les biens confisqués n'auraient jamais pu suffire à de telles dépenses, ils se procurèrent des ressources pécuniaires en obtenant du roi six deniers par livre, pendant six ans, sur le pied fourché et le poisson de mer, et dix sous par bateau de sel amené à Paris. Ainsi, l'on voit que, de tout temps, les petits ont payé les flibusteries des grands... « les pots et les ponts cassés. »

Les travaux furent activement poussés, sous la direction d'un Français, Jehan de Félin, et du célèbre dominicain véronais *Fra Giovanni Giocondo*, grand lettré et grand architecte, que Charles VIII avait ramené avec lui d'Italie. En 1507 il ne restait plus que quelques maisons à achever, et l'inauguration eut lieu en juillet.

De l'avis de tous, « ce pont estoit la plus belle pièce d'œuvre que l'on vist oncques, et il n'y en avoit point au monde ni si biau, ni si riche. » Il était surmonté de soixante-huit maisons de pierre et de brique, contenant chacune un sous-sol pris dans la maçonnerie du pont, un ouvroir ou boutique, deux étages, chacun d'une fenêtre, et un grenier dans le comble en pignon surmonté d'épis de plomb. La mitoyenneté était accusée au rez-de-chaussée par des pilastres en pierre, surmontés d'une légère colonnette qui s'élançait jusqu'au faîte. Chaque maison se distinguait des autres par un numéro, *pair ou impair, selon le côté* — innovation ingénieuse, — en chiffres romains peints en or sur fond d'azur.

La dépense totale s'éleva à seize cent soixante-six mille livres. La Ville, propriétaire, loua d'abord chaque maison par des baux de neuf ans, à raison de vingt-huit livres par an. Quoique le pont Notre-Dame fût une des voies les plus fréquentées, les mieux achalandées, il fallut peu après réduire les loyers à vingt-quatre livres, car, dès cette époque reculée, les boutiquiers se plaignaient amèrement du « marasme » des affaires : « Le prix de vingt-huit livres par an est bien hault prix pour les mesnagers qui y demeurent, et au temps de présent, marchandise est fort ravalée, tellement que plusieurs ont bien à faire à y savoir gaigner leurs dépens. »

1. Aujourd'hui Chaillot.

Le Pont Notre-Dame

« Le nouveau pont, nous dit M. Cousin, l'éminent conservateur de Carnavalet, qui a fait une remarquable étude de cette région, n'en devint pas moins l'itinéraire préféré des cortèges royaux ou des processions qui se rendaient au Palais ou à Notre-Dame : » entrée de la reine Éléonore d'Autriche, sœur de Charles-Quint et seconde femme de François Ier ; entrées d'Henri II, de Charles IX ; procession grotesque de la Ligue, où un moine

LES ILLUMINATIONS DU PONT NOTRE-DAME
en réjouissance du rétablissement de la santé de Louis XIV, le 30 janvier 1687.

maladroit tua d'un coup d'escopette le secrétaire du légat ; *magnifique et triomphante entrée* de LL. MM. Louis XIV et Marie-Thérèse dans leur bonne ville de Paris, après leur mariage et le traité des Pyrénées. Ce fut l'occasion d'une restauration et d'embellissements du pont, âgé alors (en 1660) d'un siècle et demi ; des cariatides colossales, appliquées sur les chaînes de pierre qui séparaient les maisons, soutinrent, de leurs bras étendus, les médaillons des rois de France, depuis Pharamond jusqu'à Louis XIV.

Ainsi rajeuni, le pont fut le centre d'un vrai commerce de luxe au XVIIIe siècle : quatorze orfèvres, des merciers, des chasubliers, des brodeurs, des lingères, et la boutique du fameux marchand de tableaux Gersaint, dont Watteau brossa l'enseigne en huit matinées, « pour se dégourdir les doigts. » Il était donc dans tout l'éclat de sa prospérité, quand il fut décapité, en 1786, par la mesure qui décida la disparition de toutes les maisons sur la rivière.

Joconde et Félin l'avaient édifié si solidement, que les ingénieurs de 1860 ont pu en conserver les robustes assises, arches et piles. Qui donc, aujourd'hui, piéton, flâneur, pêcheur à la ligne, voyageur du tramway *Choisy-Châtelet*, en passant sur le pont Notre-Dame, songe aux humbles « pot-de-viniers » de l'an de grâce 1499, l'enfance de l'art?

XXIX

JEANNE DARC DEVANT PARIS

C'EN est fait, et ce sera bien fait; tant pis, cette fois, pour l'archéologie ! Un décret vient de déclarer d'utilité publique l'élargissement partiel de la rue de Moussy.

Ce nom, très probablement, ne dit rien à la majorité de mes lecteurs : c'est celui d'une ruelle infecte, longtemps fermée, du côté de la rue de la Verrerie et du côté de la rue Sainte-Croix-de-la-Bretonnerie, par des grilles dont on voit encore la trace. Des poteaux plantés au milieu, empêchent les voitures de s'y risquer.

L'immeuble portant le numéro 7 a été l'hôtel d'un échevin, Jean de Moussy, qui n'a guère d'autre illustration que d'avoir reçu, en plein visage, un formidable coup de poing, pendant qu'il siégeait à l'Hôtel de Ville avec ses collègues, le vendredi 10 mars 1531. L'auteur de cette démonstration par le fait était un certain Chambret, procureur au Châtelet, qui ajouta la parole au geste en traitant tous les conseillers de « béguins embéguinés, mangeurs de gros morceaux, pillards, voleurs, vilains et larrons ! »

La maison du malheureux Jean de Moussy — battu et pas content, car il intenta un procès pour venger l'honneur de sa figure endommagée — sera la première démolie. Elle est encore robuste, toute en pierre, avec large escalier, salles élevées, et, sur la rue, un porche énorme, surmonté d'un petit étage en encorbellement soutenu par quatre consoles à figure de marmouset sculptées. Hâtez-vous d'aller y jeter les yeux, car ces constructions sont les derniers vestiges d'un logis antérieur bien autrement intéressant, celui de l'abominable Pierre Cauchon, le plus odieux des prélats que Notre Sainte Mère l'Église ait portés jusque-là dans ses flancs.

Précisons d'abord la situation du monstre, dans le clergé de son temps. Il était bien évêque de Beauvais, mais on oublie trop que ses ouailles l'avaient ignominieusement chassé, dès 1429. Plein de rage, il se réfugia à Paris, et devint le plus dangereux suppôt de Bedford dans « ceste maléfique et diabolicque guerre. » Retiré dans son hôtel de la rue du Franc-Mûrier (nom primitif de la rue de Moussy), il se fit le complice de toutes les exactions des Anglais contre les « bons Français, » qui avaient été rejoindre Charles VII au delà de la Loire. Il convoitait l'archevêché de Rouen, alors vacant, et — prêt à tous les crimes pour l'obtenir — il avait promis aux Anglais de leur livrer Jeanne Darc, capturée devant Compiègne, dans les limites du diocèse de Beauvais, son diocèse ! On sait comment il tint parole, et la terrible accusation qu'elle lui jeta à la face : « *Évêque, je meurs par vous ! J'appelle de vous devant Dieu !* »

Les Anglais sont restés maîtres de Paris seize ans, de 1420 à 1436. Bedford, régent pour le jeune roi Henri VI, sentant bien qu'il ne pourrait que très difficilement se maintenir dans la capitale, la traita en vrai pays conquis. Installé magnifiquement rue Saint-Antoine, au palais des Tournelles, dont l'immense enclos s'étendait de la rue de Turenne au Boulevard, de la rue Saint-Antoine à la rue Saint-Gilles, il confisqua au profit de ses partisans les hôtels de ceux qu'il appelait des traîtres, c'est-à-dire de ceux qui étaient restés fidèles au roi légitime. Sauval cite plus de douze cents de ces confiscations. En lisant, entre les lignes, cette liste interminable et monotone, on devine quelle dut être l'extrême misère des infortunés qui avaient cru quitter Paris pour quelques jours, et restèrent en exil de longues années ! Que de larmes quand ils apprirent qu'il ne fallait plus songer au retour ; que le logis héréditaire, la petite maison à deux fenêtres de face, au pignon aigu, ou le vaste hôtel à créneaux et à tourelles, étaient devenus la proie de quelque seigneur anglais, ou même d'un parent avide !

C'est ainsi que l'hôtel d'*Armagnac*, rue Saint-Honoré, fut livré à Jean sans Peur, feudataire félon ; — l'hôtel d'*Eu*, rue

HÔTEL DE LA FIN DU XVIe SIÈCLE, RUE DE MOUSSY, SUR L'EMPLACEMENT DE L'HÔTEL DE PIERRE CAUCHON, évêque de Beauvais (Coll. du musée Carnavalet).

Saint-André-des-Arts, au comte de Salisbury ; — l'hôtel de *Bohême* (Bourse de Commerce), à Robert Willougby ; — la maison de *Jean Piquet* (passage Péquay), au comte de Warwick ; — l'hôtel de *Tanneguy du Châtel*, rue Bar-du-Bec, à Jean Chetwood ; — la maison de *Jean Gencien*, rue de la Voirrerie, au traître Perrinet Leclerc, etc...

Tous ces pseudo-propriétaires surveillaient avec inquiétude

les relations que les habitants pouvaient avoir conservées avec les émigrés. Une lettre reçue des provinces soumises à Charles VII, l'hospitalité accordée bénévolement à un arrivant mourant de froid et de faim, exposaient au bannissement ou à la prison perpétuelle. L'horreur de l'étranger en était accrue, et l'on ne compte pas, à Paris, dans cette période, moins de dix

LE DUC DE BEDFORD, RÉGENT DE FRANCE, d'après un manuscrit du XVe siècle. (Biblioth. nationale).

conspirations, toutes terminées dans le sang et les plus cruels supplices [1].

Les Parisiens entendirent parler de Jeanne pour la première fois au commencement de mai 1429, au moment où elle faisait lever le siège d'Orléans, où elle apparaissait à tous comme une vision réconfortante et néanmoins destinée à être bientôt trahie par tous : vivante, par son Roi, par ses compagnons d'armes, par son Église ; — morte, par les historiens qui l'ont le plus aimée, cédant, eux aussi, à des tendances mystiques

1. Jehan de la Chapelle, clerc des comptes ; les procureurs au Châtelet Pierre Morant et Regnault Savin ; l'orfèvre Guillaume du Loir ; le couturier Guillaume Perdriau ; le boulanger Jehan de Brigueux, et plus de cent cinquante autres, furent décapités, écartelés ou bannis, le 8 avril 1430, « pour cause de certaine conspiration de baillier aux gens de messire Charles de Valois, prétendu dauphin, entrée et obéissance en la ville de Paris. »

auxquelles, paraît-il, les plus forts ne peuvent échapper, et ne comprenant pas combien ils l'amoindrissent en en faisant je ne sais quelle marionnette de la Providence, au lieu de nous montrer en elle l'épanouissement le plus merveilleux de toutes les facultés qu'une femme ait jamais réunies. Étonnante fille qui ne sait ni A ni B, mais qui en remontre aux docteurs ; plus vigoureuse que ses hommes d'armes ; plus alerte que son page ; plus

Porte Saint-Honoré.

valeureuse que ses chevaliers ; plus politique que les hommes d'État qui l'entourent ; plus stratégiste et plus tacticienne que les capitaines qui prétendent la conduire !

Je ne m'attarderai pas à raconter sa tentative inutile pour surprendre Paris. Elle qui, dans sa marche triomphante, avait vu les clochers d'Orléans, de Bourges, de Sens, d'Auxerre, de Troyes, de Châlons, de Reims, de Saint-Denis, ne devait entrevoir que de loin les tours de Notre-Dame !

Pourquoi ?

Le rude assaut de la porte Saint-Honoré, dans la journée

du 8 septembre 1429, avait terrifié les Anglais et leurs partisans. « Si les choses eussent été bien conduites, dit un chroniqueur, plusieurs notables personnes estans lors dedans Paris — et entre

LE PALAIS ET LA SAINTE-CHAPELLE.
Page du livre d'Heures de Jean, duc de Berry (xve siècle).

autres Jean de Montmorency — se fussent mis et réduis en l'obéissance du Roy, et lui eussent faict plénière ouverture de sa principale cité. » Déjà beaucoup criaient: « Tout est perdu ! Sauve qui peut ! » et les chanoines de la cathédrale songeaient à s'y fortifier et à y mettre en sûreté leurs joyaux les plus précieux.

Jeanne, malgré les vives souffrances de sa blessure, était prête à recommencer l'attaque le lendemain : elle se leva de grand matin, jurant que « jamais ne s'en partiroit qu'elle eust la ville, » et ne cessant de répéter : « Je vueil aller veoir Paris de plus près que ne l'ay veu ! » Malheureusement, Charles ne sut que suivre les perfides conseils de la Trémouille et des courtisans qui ne songeaient qu'à la retraite.

Aussi suis-je souvent hanté par ce souvenir qui a d'un cauchemar le sublime et l'odieux : Jeanne Darc, sur les fossés de Paris, ayant devant elle l'Anglais qu'elle brave, et derrière elle des compagnons d'armes qui conspirent sa perte !

Désespérée de cet échec, sentant bien que sa Passion commençait, elle suivit le roi ; mais, avant de se retirer, elle suspendit, en offrande, son armure complète dans l'église abbatiale de Saint-Denis, devant l'image de la Vierge[1].

Si Jeanne n'avait pas réussi à enlever Paris, elle n'en avait pas moins singulièrement ébranlé la puissance des Anglais ; ils sentirent la nécessité de frapper l'imagination des badauds de la porte Baudet, et ils résolurent de faire sacrer leur petit roi Henri VI, qui venait d'atteindre sa dixième année. Le dimanche 16 décembre 1431, eut lieu la ridicule parodie du sacre qu'ils ne pouvaient faire à Reims. Les Parisiens gouaillèrent tout à leur aise cette cérémonie où tout était faux. Le petit prince, prétendu roi de France, fut amené à pied, de grand matin, du Palais à Notre-Dame. Ce fut le cardinal de Winchester qui officia, assisté seulement de deux pairs de France, Pierre Cauchon, évêque de Beauvais, et son digne émule, Jean de Mailly, évêque de Noyon ; quelques chevaliers anglais *figuraient* les autres pairs. Il n'y eut ni largesses au peuple, ni libération de prisonniers, ni réduction de tailles. Chacun disait qu'un orfèvre ou un batteur d'or

1. On a voulu retrouver ce « harnois » dans une des armures du Musée d'Artillerie, mais il est peu probable que les Anglais, qui réoccupèrent Saint-Denis quelques jours après, aient respecté les armes de a Pucelle.

Au reste, cette question me semble tranchée par ces quatre vers de *Martial d'Auvergne* :

Les armures de la Pucelle
Y là vinrent prendre et saisir,
Par une vengeance cruelle,
Et en firent à leur plaisir.

qui marierait sa fille aurait été plus généreux que ces « renards ! »

Ce fut bien pis encore au festin qui eut lieu à midi au Palais, « en la grant salle à la grant table de marbre. » Le « commun de Paris — Dieu sait ce qu'était ce commun ! — avait envahi le Palais, dès le matin, les ungs pour veoir, les aultres pour gourmander, les aultres pour desrober viandes ou aultres choses. » Chaperons, capes, ceintures des honnêtes bourgeois, tout fut pillé par ces truands. Quand le Parlement, l'Université et les échevins voulurent monter les grands degrés, « le commun les rebouta arrière si fièrement, que par plusieurs foys leur convint trébucher l'ung sur l'aultre. » Le peuple riait en voyant ces magistrats, ordinairement si fiers, soumis ce jour-là à toutes les humiliations, dégringoler les marches « par soixante ou cent à la foys. » Lorsqu'ils purent enfin pénétrer dans la salle, ils trouvèrent leurs places prises par « savetiers, moustardiers, vendeurs de vin, aides à maçons, et quand on cuidoit en faire lever ung ou deux, il s'en asséoit six ou huit d'autre côté. » Subir tant de horions pour manger des viandes de basse qualité, cuites depuis le jeudi précédent ! Le coup de théâtre échouait piteusement, et, le lendemain de Noël, le roitelet anglais quittait Paris pour n'y plus revenir, « sans même distribuer d'aumônes à l'Hôtel-Dieu ! »

CUISINES DU PALAIS DITES DE SAINT-LOUIS.

Je me remémorais ces souvenirs d'opprobre en visitant une dernière fois l'hôtel des évêques de Beauvais, avant que les démolisseurs y aient mis la pioche. Pierre Cauchon ne parvint point à l'archevêché de Rouen. Les Anglais, voyant qu'il n'avait pas eu le courage de se pendre, se contentèrent de payer la « besogne » du nouveau Judas d'un maigre salaire : cinq livres tournois par jour, dont nos archives conservent l'infâme quittance; ils lui jetèrent en outre, comme un os à ronger, l'évêché de Lisieux, où il rendit sa belle âme au Seigneur en 1443. Le pape Callixte III l'excommunia, et lors du procès de réhabilitation de Jeanne Darc, les Lexioviens violèrent la tombe de leur indigne pasteur, et jetèrent ses restes à la voirie.

XXX

AU PALAIS-BOURBON

Le « grand local » qui, depuis un siècle, a abrité successivement l'Ecole polytechnique naissante, le Conseil des Cinq-Cents, le Corps législatif, la Chambre des Députés, le dernier des Condés, le jeune duc d'Aumale et deux Constituantes, porte encore aujourd'hui, dans la langue courante, son nom originel de *Palais-Bourbon*.

L.-H. de Bourbon-Condé, premier ministre de Louis XV.

Ce ne fut d'abord qu'une maison de plaisance, élevée sur le bord de la Seine, en 1722, par la duchesse douairière de Bourbon, en sa prime jeunesse Mlle de Nantes, fille légitimée de la Montespan et de Louis XIV. « Dans une taille légèrement contrefaite, sa figure était formée par les plus tendres amours, et son esprit était fait pour se jouer d'eux à son gré, sans en être dominé; enjouée, plaisante, mais fort capable de haine, et alors méchante, féconde en artifices noirs et en chansons les plus cruelles dont elle affublait gaiement les personnes qu'elle semblait le plus aimer. » Elle trouva sous sa main, de l'autre côté du mur mitoyen (à l'hôtel actuel de la Présidence), le comte de Lassai, « parfaitement bien fait avec un visage de singe ; il lui plut, et la liaison se fit la plus intime entre eux, et la plus étrangement publique. »

Le prince de Condé (Louis-Joseph) dépensa plus de vingt millions pour faire de l'hôtel de son aïeule un véritable palais, dont les jardins, en terrasse sur la rivière, s'étendirent jusqu'à l'Esplanade des Invalides, grâce à l'acquisition de l'hôtel de Lassai. Ce fut lui qui, au nom de l'Académie de Dijon, couronna, en 1784, l'éloge de Vauban, composé par un jeune officier du génie, qui devait être un peu plus tard « le Grand Carnot. »

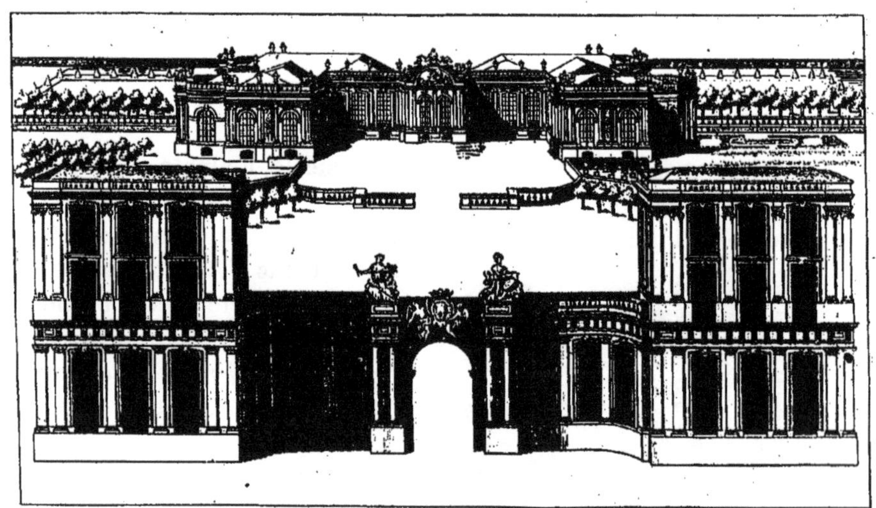

Le Palais-Bourbon sur la Place du palais-Bourbon
élevé en 1722 pour la duchesse de Bourbon, par l'architecte Lassurance.

Au lendemain de la prise de la Bastille, le prince émigra avec son fils le duc de Bourbon, et son petit-fils le duc d'Enghien. Leur palais fut confisqué et l'hôtel de Lassai, l'orangerie, les communs, furent affectés par la Convention à l'Ecole polytechnique. Les cours commencèrent le 21 décembre 1794 ; quatre cents élèves se pressaient dans l'amphithéâtre, « le regard fixé sur le professeur, et l'oreille pour ainsi dire suspendue à ses lèvres ; dans ce silence profond, on eût entendu le vol d'une mouche, mais surtout quand c'était Monge ou Fourcroy qui parlait ». A l'avènement de l'Empire, l'Ecole fut casernée à l'ancien collège de Navarre, sur la montagne Sainte-Geneviève, où elle est encore.

Sous la Constitution de l'an III, les cinq Directeurs s'établirent au Luxembourg ; le Conseil des Anciens aux Tuileries, et le Conseil des Cinq-Cents, d'abord au *Manège,* près la terrasse des Feuillants, puis au *Palais-Bourbon.* Les architectes, de Gisors et Lecomte, furent chargés de l'approprier à sa nouvelle destination et élevèrent dans l'axe du pont de la Révolution un avant-corps

LE PALAIS DE LA CHAMBRE DES DÉPUTÉS, façade sur la place du Palais-Bourbon.

décoré de six colonnes et surmonté d'un fronton, où l'on voyait la *Loi punissant le Crime et protégeant l'Innocence.* La salle, en hémicycle, éclairée par en haut, offrait déjà les dispositions actuelles. C'est là que se sont noués et dénoués tous les drames de notre histoire contemporaine.

Dans la nuit du 18 fructidor, le canon d'alarme donna le signal d'un premier coup d'État contre les Cinq-Cents. Leur président, Pichegru, le conquérant de la Hollande, fut arrêté par les mains d'Augereau, et condamné à la déportation avec cinquante de ses collègues et deux Directeurs, Barthélemy et Carnot. Celui-ci trouva moyen de s'enfuir. Le complot qui brisait la majorité des deux Conseils fut exécuté « aussi tranquillement qu'un ballet d'opéra; le bon peuple de Paris resta immobile. » On sait ce qui advint de Pichegru : il s'évada de Sinnamary en même temps que Barthélemy; il osa reparaître à Paris et fut emprisonné au Temple, où ses geôliers le trouvèrent étranglé dans sa cellule, le 5 avril 1804[1].

AUGEREAU (1757-1816).

Le Conseil des Cinq-Cents[2], ainsi mutilé, traîna encore deux ans son existence amoindrie. Bonaparte l'acheva par un second coup d'État. Le 18 brumaire, avec la complicité de trois des Directeurs, il fit transférer les deux Conseils à Saint-Cloud. Le lendemain, ses grenadiers entraient au pas de charge dans l'Orangerie du château et en chassaient les Cinq-Cents qui s'échappèrent par les fenêtres, en jetant derrière eux leur costume incommode, la ceinture et la toque bleue, le manteau écarlate et la robe blanche. La première République avait vécu.

Napoléon logea au Luxembourg *son* Sénat ; au Palais « ci-devant Bourbon, » *son* Corps législatif. C'était un troupeau de trois cents muets, bien domestiqués, portant une livrée bleue brodée d'or, et recevant dix mille francs de gages pour tenir une trentaine de séances chaque année, écouter respectueusement les orateurs du Gouvernement, et mettre dans l'urne une boule blanche. Dans

1. On a prétendu que ce n'était pas un suicide, mais un crime du Premier Consul. Napoléon a répondu : « On ne manqua pas de dire que c'était par mes ordres. Je fus totalement étranger à cet événement. Je ne sais pas même pourquoi j'aurais soustrait ce criminel à son jugement ; il ne valait pas plus que les autres, et j'avais un tribunal pour le juger, et des soldats pour le fusiller. *Je n'ai jamais rien fait d'inutile dans ma vie.* Quel intérêt pouvais-je avoir à acheter par un crime ce que la justice m'eût infailliblement donné ? »

2. Au 18 fructidor, les Cinq-Cents siégeaient encore au Manège. Ce ne fut que quelque temps après que les architectes purent leur livrer la nouvelle salle du Palais-Bourbon.

les occasions solennelles, leur digne président Fontanes, « d'un tyran soupçonneux pâle adulateur, » avait le privilège de haranguer le Maître, auquel, dans un langage « éloigné de toute servitude, » il ne craignait pas de dire avec une rude franchise : « Tous nos cœurs sont émus des témoignages de votre affection pour les Français ; les paroles que vous avez daigné faire entendre du haut du trône ont déjà réjoui tous les hameaux ! »

L'Empereur aimait faire grand. Trouvant mesquine la façade construite économiquement par Gisors, il fit élever par Poyet, sur un perron de cent pieds de largeur, le portique à douze colonnes corinthiennes qui termine si heureusement la perspective de la place de la Concorde. Au fronton, Chaudet le représenta *remettant les drapeaux d'Austerlitz aux députations du Corps législatif.*

1805 !... 1814 ! Le soleil a pâli ; les lauriers sont coupés. Napoléon ferme les portes du Corps législatif dont quelques membres osent montrer des velléités de résistance. A la réception officielle du 1er janvier 1814, aux Tuileries, il manifeste violemment son mécontentement de leurs représentations intempestives : « Pourquoi parler devant l'Europe de ces débats domestiques? Il faut laver son linge sale en famille.... La France a plus besoin de moi que je n'ai besoin d'elle ! Je suis un homme qu'on tue, mais qu'on ne déshonore pas. Dans trois mois, l'ennemi sera chassé de notre territoire, ou je serai mort ! »

Il partit le 25 janvier pour les combats de géants de la campagne de France... Le 31 mars, nos bons amis les Alliés entraient dans Paris, et, le 3 avril, soixante-dix-sept membres du Corps législatif adhéraient à la déchéance de l'Empereur, prononcée la veille — ô châtiment suprême — par le Sénat conservateur !

Le même Sénat déclara que le peuple français « appelait librement au trône » Louis-Stanislas-Xavier, frère du dernier roi ; et ce Louis, dix-huitième du nom, « octroya à ses sujets, tant pour lui que pour ses successeurs et à toujours, » la Charte de Saint-Ouen, qui remplaçait le Sénat par la Chambre des pairs que le roi nommait, et le Corps législatif par une Chambre de députés élus pour cinq ans.

La France jouissait donc en paix de la monarchie constitutionnelle, restaurée dans toute sa beauté, quand, l[illegible]s 1815, au matin, dans la capitale à peine réveillée, retentit [illegible] coup cette étonnante nouvelle : « Napoléon a quitté l'île d'Elbe ; il a débarqué à Cannes le 1er mars ! » Le 8, il était à Grenoble ; le 10 à Lyon ; en vain le malheureux Louis XVIII cherche-t-il à s'apppuyer sur les deux Chambres ; en vain les députés, le 18 mars, déclarent-ils *nationale* la guerre contre Bonaparte, « l'aigle vole de clocher en clocher jusqu'aux tours de Notre-Dame, » et, le 20 mars au soir, l'Empereur entre à Paris par la barrière de Fontainebleau, au moment où Louis XVIII venait d'en sortir par la route de Lille [1].

Hélas !... le lendemain de cette marche triomphale s'appelle Waterloo ! L'Empereur ne put même pas, comme il en avait eu un instant la pensée, tenter de rallier ses troupes à Laon. Le danger devant lui, c'était Blücher ; derrière lui, c'était la Chambre élue après le Champ de Mai, et où siégeaient Lanjuinais, La Fayette, Dupont de l'Eure, bien décidés à ne pas subir un nouveau 18 brumaire. Au moment où Napoléon, n'osant se montrer aux Tuileries, descendait presque furtivement à l'Élysée, roulant dans son esprit des projets de coup d'État et de dictature, la Chambre déclarait traître à la Patrie quiconque entreprendrait de la dissoudre, et appelait les ministres à sa barre. Napoléon, se croyant abandonné de tous, désespéré de son impuissance à lutter davantage, et exténué physiquement, se décida à abdiquer une seconde fois, le 22 juin. Louis XVIII respira, et reparut le 8 juillet.

La Restauration rendit le Palais-Bourbon au prince de Condé ; mais la Chambre put continuer d'y siéger moyennant un loyer de 124,000 francs. Le fronton de Chaudet, qui avait le tort de rappeler Austerlitz, fut remplacé par une composition banale de Fragonard : *La Loi sur un char dont les chevaux sont dirigés par un génie.*

La seconde Restauration fut l'époque la plus brillante de l'éloquence parlementaire favorisée par la renaissance d'une tribune libre. La foule se passionnait aux discours de Manuel, du général Foy, de Benjamin Constant, de Lainé, de Royer-Collard, de Casimir Perier ; la Chambre des députés était alors toute-puissante

1. Pour être tout à fait exact, disons que Louis XVIII quitta les Tuileries, le lundi 20 mars, vers une heure du matin, et que Napoléon y rentra ce même lundi à neuf heures du soir.

sur l'opinion, et quand Charles X eut l'imprudence de la dissoudre, après l'adresse des 221, il entama un duel inégal dans lequel la monarchie était vaincue d'avance.

Ce fut la Chambre des députés, dissoute par les *Ordonnances*, qui défendit à la révolution de 1830 d'aller plus loin; ce fut elle qui proclama Louis-Philippe et lui imposa la Charte revisée, sans même consulter le pays.

Façade du Palais-Bourbon
devenu le palais du Conseil des Cinq-Cents puis du Corps législatif.
(Le bas-relief du fronton est de Fragonard.)

A la veille de cette révolution, le dernier prince de Condé avait légué son immense fortune au duc d'Aumale, alors âgé de huit ans. Le 27 août 1830, le prince fut trouvé mort, on sait comment, dans son château de Saint-Leu, au moment où il se disposait à rejoindre le roi Charles X dans son exil, et à prendre d'autres dispositions testamentaires. C'est donc au duc d'Aumale, héritier quand même, que l'État dut racheter en 1839, au prix de cinq millions, la partie du palais dont il était propriétaire. La salle actuelle fut achevée vers le même temps par l'architecte de Joly, ainsi que le fronton dû à Cortot, — le quatrième, si j'ai bien compté : *La France appuyée sur une tribune et portant la Charte ; à ses côtés, la Force et la Justice.*

J'arrive à une époque trop rapprochée de nous pour que j'aie besoin de rappeler l'envahissement du Palais-Bourbon, le 24 février et le 15 mai 1848 ; — l'inexpiable coup d'État du 2 décembre, cause fatale de Sedan, comme brumaire de Waterloo ; — Paris décapitalisé jusqu'au jour où nos Honorables se décidèrent, la mort dans l'âme, à revenir de Versailles et à rentrer dans le sanctuaire tant de fois violé, si encombré de statues que, s'il fallait en croire un huissier, né malin, deux n'ont pu y trouver une place de faveur et sont restées dehors en détresse au bas du grand escalier : celles de Minerve et de Thémis[1].

1. Dans la salle des Pas-Perdus, se trouve une copie du *Laocoon* qui a fourni matière aux plaisants : les serpents figurent l'Opposition poursuivant le Pouvoir de ses dards venimeux. En 1839, on put lire ce quatrain sur le piédestal :

Chacun, dans ce héros troyen
Qui vainement raidit ses membres,
Reconnaît le Roi-Citoyen,
Et, dans les serpents, les deux Chambres.

XXXI

AU LUXEMBOURG

La encore — malgré tous les changements de propriétaires et de destination — après trois siècles écoulés, c'est l'appellation primitive qui a prévalu. En vain, la fondatrice voulait que ce fût le *Palais Médicis* ; en vain, son fils Gaston fit-il graver, en lettres d'or, sur la principale entrée : *Palais d'Orléans* : pour les Parisiens d'aujourd'hui, c'est toujours *le Luxembourg,* nom d'un grand seigneur, d'ailleurs bien oublié, qui eut en cet endroit un hôtel, et le vendit, le 2 avril 1612, à Marie de Médicis.

Salomon de Brosse éleva pour elle, de 1615 à 1620, « l'excellent bastiment » dont l'extérieur a si peu changé, qu'il ne me semble pas nécessaire de le décrire. Rubens orna la galerie des vingt-quatre tableaux, bien connus, placés maintenant au Louvre, et représentant l'histoire allégorique de la Reine. Exilée en 1631, elle jouit peu de temps de cette magnifique résidence.

Sa petite-fille, Mlle de Montpensier, y passa sa triste vieillesse « battue bel et bien » par Lauzun, qui prétendait que les Bourbons « veulent être rudoyés et menés le bâton haut. »

La duchesse de Berry, fille du Régent, « prodige d'esprit, d'orgueil, d'ingratitude, de folie et de débauche, » vint y demeurer en 1715, scandalisant par ses allures ce quartier paisible ; ne sortant que précédée de timbaliers ; faisant porter un dais à la Comédie dans sa loge ; murant les portes du jardin, pour y passer les nuits d'été en liberté, au grand déplaisir de la population, privée d'une si agréable promenade.

Grand contraste, quand Louis XVI eut fait don du Luxembourg au comte de Provence. Déjà le jardin avait été rendu au public. Dans « l'allée des Philosophes, » on rencontrait Jean-Jacques, très propret, ou Diderot « en redingote de peluche grise éreintée. » Au château, *Monsieur* se plaisait à réunir, dans sa petite cour, des lettrés et des artistes : Ducis, Doyen, Rulhières, Didot, Treilhard, Elie de Beaumont, Chalgrin. Le prince était populaire ; la foule l'acclamait, lui jetait des bouquets ; les dames de la Halle le haranguaient, il les embrassait. Aussi ne se décida-t-il que tard à émigrer. Comme le roi, il partit dans la nuit du 20 au 21 juin 1791 ; mais, plus heureux que lui, il parvint à franchir sans encombre la frontière belge.

VUE PERSPECTIVE DU JARDIN DU LUXEMBOURG OU PALAIS D'ORLÉANS, d'après une gravure de Perelle.

Sous la Terreur, le palais devint une geôle, « une prison de muscadins, » disait le peuple, parce qu'un grand nombre de nobles en étaient les hôtes forcés. En réalité, on y trouvait des victimes de tous les partis : le duc de Gêvres et Chaumette, Hébert et l'abbé de Fénelon ; Westermann et le prince d'Hénin, le maréchal et la maréchale de Mouchy ; Danton, Camille Desmoulins, le président de Nicolaï, le peintre David et l'ex-capucin Chabot. Un millier y furent empilés. On en jugea un jour cent cinquante à la fois ; mais ils étaient trop, et on ne put les exécuter qu'en trois fournées. La galerie qui servait de réfectoire n'étant pas assez grande, on était obligé de servir trois dîners, chacun pour trois cents personnes. Au 9 thermidor, le concierge Guyard, geôlier comme on n'en voit plus, refusa d'ouvrir les portes au prisonnier que les gendarmes lui amenaient, et qui n'était autre que Maximilien de Robespierre !

FRANÇOIS BARTHÉLEMY (1747-1830).
Directeur en 1797.

La Convention vécut encore péniblement pendant quatorze mois, et se sépara, le 26 octobre 1795, léguant *in extremis* à la France l'originale Constitution de l'an III.

Les cinq Directeurs Barras, Rewbell, La Revellière, Carnot et Letourneur, s'installèrent au Luxembourg : « Pas un meuble ! Dans un cabinet, autour d'une petite table boiteuse, ils s'assirent sur cinq chaises de paille, en face de quelques bûches mal allumées, le tout emprunté au portier Dupont. » Cette misère ne fut pas de longue durée. Bientôt Barras eut un salon, où il trônait dans un pompeux costume nacarat brodé d'or, entouré de Merveilleuses, peu vêtues à la grecque, Mmes de Staël, Tallien, Bonaparte ; d'agioteurs et d'Incroyables, parmi lesquels le comte de Lauraguais, arbitre de toutes les élégances. Il agissait alors en vrai dictateur, et ne craignait pas de faire fouetter par ses laquais un journaliste qui lui avait déplu. Au 18 fructidor, il eut recours à la force armée, commandée par Augereau, pour décimer les Conseils et proscrire deux de ses collègues, Barthélemy, qui fut déporté, et Carnot qui parvint à s'enfuir. Après le traité de Campo-Formio, il fit au jeune vainqueur de l'Italie une réception triomphale dans la vaste cour du palais, où il avait convoqué tous les ambassadeurs des puissances étrangères. Mais il

FAÇADE DE L'ANCIENNE CHAPELLE DES FILLES-DU-CALVAIRE (Palais du Luxembourg).

avait donné le déplorable exemple d'un coup d'État, il en fut victime à son tour. Bonaparte, quand il revint d'Égypte, sans l'ombre d'une excuse honnête, fit, lui aussi, son *pronunciamiento*, le 18 brumaire. Barras eut probablement des raisons suffisantes pour ne pas montrer l'énergie qu'il avait déployée en d'autres

Audience du Directoire en costume, le 30 brumaire an IVe de la République.

circonstances ; il donna sa démission, et se retira tranquillement dans son château de Grosbois[1].

Bonaparte, Premier Consul, affecta le Luxembourg au Sénat, dont les membres reçurent un traitement de 36.000 francs, avec la faculté de cumuler les fonctions les mieux rétribuées. Ils étonnèrent le monde et le Maître lui-même par leur servilité : ils prorogèrent ses pouvoirs consulaires ; ils allèrent à Saint-Cloud lui offrir « l'empire héréditaire de la République ; » ils lui dirent, par la

1. Auprès de Boissy-Saint-Léger. Ancienne propriété du duc d'Angoulême, bâtard de Charles IX, du comte de Provence, et — après Barras — du général Moreau, et du prince de Wagram.

bouche de François de Neufchâteau : « Vous n'avez pas eu de modèle et vous en servirez toujours ! » Ils autorisèrent les levées anticipées de conscrits ; les déportations sans jugement ; la création de nouveaux titres de noblesse ; les annexions impolitiques de Rome, du Hanovre, de Hambourg ; ils aidèrent l'Empereur à annihiler le Corps législatif et le Tribunat ; ils ne méritèrent que trop les deux vers de Chénier, qui sont le jugement définitif de la postérité :

BONAPARTE VERS 1796.

> Que sont donc désormais les piliers de l'État ?
> Un fantôme avili qu'on appelle Sénat !

Ces mêmes hommes, dont Napoléon disait : « Un signe était pour eux un ordre qui leur faisait donner plus qu'on ne leur demandait, » furent les premiers à le trahir et à prononcer sa déchéance, dès le 3 avril 1814 — sous la présidence de Talleyrand, « qui avait raison de vendre son âme, car il troquait son fumier contre de l'or ; » — ils furent les premiers à appeler Louis XVIII au trône ; il est vrai que, pour prix de leur infamie, ils n'oublièrent pas de stipuler le maintien de leurs offices et de leurs dotations.

La Charte, octroyée par Louis XVIII à son peuple, le 4 juin 1814, créait une Chambre des pairs dont la nomination appartenait au roi. Les anciens sénateurs de l'Empire furent mieux récompensés que ne l'avait été Judas, aussi ne se pendirent-ils pas. Quatre-vingt-six d'entre eux furent nommés pairs de France.

Après les Cent-Jours, Louis XVIII déclara gracieusement la dignité de pair héréditaire de mâle en mâle, par ordre de primogéniture. Malheureusement, l'article 33 de la Charte, portait : « La Chambre des pairs connaîtra des crimes de haute trahison et des attentats à la sûreté de l'État. » Don funeste ! Le maréchal Ney arrêté, malgré l'article 12 de la capitulation de Paris[1], déclina la juridiction

PALAIS DU LUXEMBOURG. REVERS DE LA FONTAINE MÉDICIS.

du conseil de guerre et demanda à être traduit devant les pairs. Sur

1. Cet article 12 de la capitulation du 3 juillet devait le sauver : « J'ai été chargé, dit le général Guilleminot, comme chef de l'état-major de l'armée, de stipuler *l'amnistie* en faveur des personnes, *quelles*

161 votants, 136 se prononcèrent pour la mort. Moncey se récusa et écrivit au roi : « Le sang français n'a-t-il pas assez coulé? Où étaient les accusateurs, tandis que Ney parcourait tant de champs de bataille? La France peut-elle oublier le héros de la Bérézina? » Ney n'en fut pas moins fusillé. Exécution pire qu'un crime, et dont quatre-vingts ans passés n'ont pu effacer l'horreur. Les juges du 7 décembre 1815 nous apparaissent encore comme des bourreaux[1] !

La Chambre des pairs survécut, comme par miracle, à la monarchie de droit divin. Elle s'empressa de prêter serment de fidélité à Louis-Philippe, qui la contraignit à renoncer à l'hérédité de ses membres. Par compensation, il la logea mieux qu'elle ne l'avait jamais été. La salle actuelle fut construite par de Gisors, de 1836 à 1841, Delacroix décora la coupole de la Bibliothèque. Elle vit, pendant cette période, toute son influence politique passer à la Chambre des Députés, et ne fut plus guère qu'une Haute-Cour. En cette qualité, elle condamna à la détention perpétuelle les ex-ministres de Charles X : Polignac, Chantelauze, Guernon-Ranville et Peyronnet ; en 1834, elle jugea les cent et quelques accusés de l'insurrection d'avril, défendus par Carrel ; en 1839, elle condamna à mort Barbès et Blanqui, dont le roi commua la peine ; en 1840, après la tentative de Boulogne, elle condamna le prince Napoléon à la détention perpétuelle. Entre temps, passait devant elle l'interminable kyrielle des assassins de Louis-Philippe : Fieschi, Pépin, Morey, Alibaud, Meunier, Darmès, Quénisset, Lecomte, etc. Enfin, elle couronna sa carrière par la condamnation à la prison et à la dégradation civique d'un ancien ministre des Travaux publics :

qu'eussent été leurs opinions, leurs fonctions, leur conduite. Ce point a été accordé sans contestation. J'avais ordre de rompre toute conférence si l'on m'eût fait éprouver un refus ; l'armée était prête à attaquer ; c'est cet article 12 qui lui a fait déposer les armes. »

1. « A cinq heures du matin, sa femme entre... Le maréchal voulut éloigner l'idée qu'elle ne le reverrait plus ; mais elle ne comprenait que trop qu'elle recevait ses derniers adieux, et elle tomba sans mouvements sur le parquet. Cette scène de douleur se prolongea jusqu'à l'arrivée des quatre enfants. Ney les embrassa tous ; mais, se défiant de sa sensibilité, il ordonna à sa famille de se retirer... A neuf heures, on vint l'avertir que la voiture l'attendait. C'était un simple fiacre : il y monta, avec deux officiers de gendarmerie et le curé de Saint-Sulpice, l'abbé Depierre. Ils arrivèrent par la grande avenue du Luxembourg sur la place de l'Observatoire, à quelques pas du mur d'un jardin, près la rue d'Enfer. Ce fut là que, percé de six balles, tomba, comme s'il avait été un traître, celui qui avait gagné cinq cents batailles pour la France, et jamais une contre elle. » Il n'avait que quarante-six ans.

Teste ; d'un général : Cubières ; de deux financiers : Parmentier et Pellapra, dûment convaincus de concussion. Cela semblait, à cette heureuse époque, le comble de l'ignominie, et pourtant il ne s'agissait que d'une misérable centaine de mille francs,... l'enfance de l'art !

La République de 1848, dans sa courte durée de trois printemps, se contenta d'Assemblées uniques : la première : Constituante ; la seconde : Législative.

Napoléon III, qui succédait à Napoléon Ier comme Louis XVIII avait succédé à Louis XVI, devait — naturellement — reprendre les traditions de l'Empire. Il lui fallait un Sénat, il l'eut ; mais, dans un éclair de bon sens, il déclara que ce Sénat « ne serait jamais, comme la Chambre des Pairs, transformé en Cour de Justice, car la défaveur atteint fatalement les corps politiques, lorsque le sanctuaire des législateurs devient un tribunal criminel, et que l'opinion peut accuser une Haute-Cour d'être l'instrument de la passion ou de la haine »..... Ce n'est pas moi qui le lui fis dire !

En 1830, en 1848, en 1870, la Révolution gronda autour de la Chambre des Députés, de l'Hôtel de Ville, des Tuileries, et oublia complètement qu'il y avait quelque part, tout au bout de la rue de Tournon, un Luxembourg et une Chambre haute, qu'elle tenait sans doute pour quantité négligeable.....

XXXII

GARAT ET L'ABBÉ GRÉGOIRE

J'AI demandé au Comité des *Inscriptions parisiennes* de faire poser une plaque commémorative sur la maison de la rue du Cherche-Midi, n° 44, où est mort l'abbé Grégoire.

Toute cette région est pleine d'intéressants souvenirs. En face de Grégoire, demeurait l'honnête Lambrecht [1], son collègue au Sénat ; et, dans la même maison que Grégoire, habitait, au fond de la cour, Garat, son collègue à la Constituante, aux conseils du Directoire, au Sénat et à l'Institut.

Quel contraste entre ces deux hommes, l'un basque, l'autre lorrain, amenés à Paris, sous le même toit, par les hasards de la Révolution !

Garat, rhéteur gascon, fait pour jaser et raisonner, bonhomme tout au fond, jacobin malgré lui, égaré dans la politique où il porte sa malheureuse habitude de féliciter tout le monde. Ne pouvant décemment féliciter Louis XVI sur sa condamnation à mort, il se félicite d'avoir l'honneur de la lui annoncer, en qualité de ministre

1. Lambrecht, né dans les Pays-Bas, mort, naturalisé Français, à Paris, le 3 août 1823. En 1793, il était avocat à Bruxelles, et, quand la Belgique fut devenue française, il remplit les fonctions d'administrateur du département de la Dyle. En 1897, il remplaça Merlin au ministère de la Justice, fut élu membre du Sénat, et vota contre le consulat à vie et l'établissement de l'Empire, protesta contre le divorce de l'Empereur, et refusa, ainsi que Grégoire, d'assister au mariage de Marie-Louise, ce qui lui permit en 1814 de rédiger les considérants de l'acte de déchéance de Napoléon. Il vécut dans la retraite jusqu'en 1819, époque où les deux départements du Bas-Rhin et de la Seine-Inférieure l'appelèrent à la Chambre. Il y vota pour l'admisssion de Grégoire, que la majorité exclut comme *indigne*. Apprenant qu'on n'admettait pas à l'hospice des Quinze-Vingts les aveugles protestants, il laissa par son testament une rente de douze mille francs aux aveugles indigents de cette communion, et un prix de 2.000 francs à l'Institut, pour le meilleur ouvrage sur la *Liberté des Cultes*.

de la Justice. Il félicite les massacreurs de Septembre. Au 31 mai 1793, il pousse l'optimisme jusqu'à assurer la Convention que l'ordre règne dans Paris, au moment même où le tocsin sonne dans toutes les églises, et où les sections armées viennent assiéger l'Assemblée et lui demander les têtes des Girondins. La veille du 9 Thermidor, il écrit à Robespierre : « Vos rapports sont les plus beaux morceaux qui aient paru dans la Révolution ; ils passeront dans les écoles comme des modèles classiques ; » et le lendemain il l'appelle « monstre et rabâcheur éternel. » Toujours prêt à encenser le pouvoir, il devient sénateur après le 18 Brumaire, auquel il avait un instant fait mine de résister. Il fait partie de la troupe costumée qui, le 4 mai 1804, court en carrosse à Saint-Cloud offrir l'empire à Bonaparte. Comme il est beau diseur, professeur à l'Athénée, membre de l'Institut — classe de langue et littérature qui se considère comme étant bel et bien l'Académie française, — on le charge des harangues officielles. Son zèle resta aussi bruyant, car, le 1er janvier 1806, il propose au Sénat d'ériger un arc de triomphe au vainqueur d'Austerlitz ; mais vienne la débâcle, et il sera l'un des plus empressés à voter la déchéance de l'Empereur vaincu. Cela ne lui suffit pas. Il avait dû sa première réputation à ses *Éloges* de l'Hospital, de Suger, de Montausier, de Fontenelle ; il imagina de dédier un éloge de Moreau à Alexandre, et il se crut très habile en y glissant un panégyrique de Wellington, « ce généreux étranger qu'il ne peut appeler un ennemi ; ce général qui n'a versé le sang anglais que pour mettre en sûreté le sang français ! » Si toutes ces palinodies lui valurent une belle place dans le *Dictionnaire des Girouettes*, Louis XVIII, écœuré, ne jugea pas qu'elles lui en méritassent une dans ses faveurs ; il refusa de l'admettre dans la Chambre des Pairs en 1815. Un autre déboire l'attendait : en 1816, Suard — le meilleur de ses amis — eut la cruauté de le faire radier de l'Académie épurée. Désolé de ne plus rien être, l'ancien ministre de la Convention se fit ermite, et se retira dans son pays natal, près d'Ustaritz, où il mourut, le 9 décembre 1833, édifiant sa paroisse par sa dévotion exemplaire et son assiduité aux offices.

Bien différent fut Grégoire, un saint presque laïque, celui-là, qui va nous montrer dans sa longue existence une admirable unité de caractère. Il a pu dire, sans qu'on songeât à l'accuser de jactance : « Je suis comme le granit : on peut me briser, mais on ne me plie pas. » Michelet l'appelle « tête de fer. » Jeune prêtre, il se fit honorablement connaître par un *Essai sur la régénération des juifs*, que couronna l'Académie de Nancy. Il était curé du très pauvre petit village d'Emberménil, et il allait atteindre sa quarantième année, quand ses confrères de Lorraine l'envoyèrent aux États généraux.

Pas une minute il n'hésita sur la conduite à suivre. Il y prêcha la fusion des trois Ordres. Regardez, dans le groupe principal du *Serment du Jeu-de-Paume*, ce prêtre qui tient embrassés un religieux et un pasteur protestant[1] : c'est Grégoire ; il est venu là jurer avec ses collègues du Tiers qu'ils ne se sépareront pas avant d'avoir donné une Constitution à la France.

Gallican, et l'un des derniers jansénistes, il vota la constitution civile du clergé, qui rendait aux chrétiens le droit de choisir leurs pasteurs, comme dans la primitive Église. Il fut élu évêque de Blois, se consacra aux soins de son diocèse, et mérita si bien la confiance des patriotes, qu'ils le nommèrent député de Loir-et-Cher à la Convention. Dès la première séance, il proposa l'abolition de la royauté dans des termes passionnés qui sont restés dans la mémoire de tous : « Les rois sont dans l'ordre moral ce que sont les monstres dans l'ordre physique... L'histoire des rois est le martyrologe des nations... Les cours sont les ateliers de tous les crimes ! » La République fut proclamée, et, pendant plusieurs jours, avoue-t-il, l'excès de la joie lui ôta l'appétit et le sommeil.

Sa devise était : *Immoler l'Erreur et aimer les hommes* ; il immola la royauté, mais il ne vota pas la mort du roi[2]. Défenseur de tous les opprimés, même des juifs, cet évêque étonnant leur fit accorder les droits civils et politiques, et l'on pria pour lui dans les synagogues ; il fit abolir l'esclavage et la traite des nègres. Membre du Comité d'Instruction publique, il prit part à l'organisation

1. Le religieux est dom Gerle, mort ignoré vers 1805, et le pasteur est Rabaut Saint-Etienne, mort sur l'échafaud le 5 décembre 1793. Sa femme se tua en apprenant la nouvelle par un crieur public, et les hôtes généreux qui l'avaient caché, M. et Mme Payzac, furent guillotinés.

2. C'est à tort qu'on a voulu le classer parmi les Régicides. Au commencement de 1793, il était en mission à Chambéry avec trois de ses collègues : Jagot, Hérault et Simon. Ils écrivirent à la Convention, pour lui signifier leur vote, une lettre dont Grégoire fit effacer les mots *condamné à mort*, qui figuraient dans la première rédaction.

des Écoles centrales, du Bureau des Longitudes, du Conservatoire des Arts et Métiers, du Muséum, de l'Institut ; il mit fin à la dévastation de nos plus beaux monuments, à ce qu'il appelait : le *vandalisme*, car le mot est de lui : « Je l'ai créé, dit-il, pour tuer la chose. » Il savait bien que Genséric ne réclamerait pas.

Quand l'évêque de Paris Gobel apostasia — ce qui ne lui fit pas éviter l'échafaud, — on somma Grégoire de l'imiter :

L'ABBÉ GRÉGOIRE.

« Catholique par conviction et par sentiment, répondit-il à la tribune, prêtre par choix, j'ai été délégué par le peuple pour être évêque, mais ce n'est ni de lui ni de vous que je tiens ma mission. J'ai consenti à porter le fardeau de l'épiscopat dans le temps où il était entouré d'épines ; on m'a tourmenté pour me le faire accepter ; on me tourmente aujourd'hui pour me forcer à une abdication qu'on ne m'arrachera jamais. J'ai tâché de faire du bien dans mon diocèse ; je reste évêque pour en faire encore ; j'invoque la liberté des cultes. »

Sous le Directoire, il entra au Conseil des Cinq-Cents ; sous le

Consulat, au Corps législatif, puis au Sénat. Il y fit partie de la minorité républicaine, qui comptait tout juste trois membres : Lambrecht, Lanjuinais et lui. Il vota contre l'élévation de Bonaparte à l'empire ; contre le rétablissement des titres de noblesse, des tribunaux exceptionnels et des prisons d'État, nouvelles Bastille. Son opposition, hautement déclarée, lui donna le droit, en 1814, de provoquer la déchéance de l'Empereur ; il demanda en même temps que les Bourbons ne fussent admis au trône qu'à la condition d'accepter une constitution votée par la nation.

La Restauration ne lui pardonna jamais cette attitude. Non seulement il ne fut pas nommé pair de France, mais il fut privé de ses pensions et réduit, pour vivre, à vendre sa bibliothèque. Il fut éliminé de l'Institut avec Carnot, David, Lakanal, Monge, Siéyès et quelques autres. Aux élections de 1819, les libéraux, excités par les menées réactionnaires des ultra-royalistes, prirent pour cri de ralliement : « Plutôt des jacobins que des ministériels ! » Les électeurs de l'Isère songèrent « à rappeler sur le théâtre politique le vétéran concentré dans la solitude ; » ils nommèrent Grégoire ; mais la majorité de la Chambre l'exclut « pour cause d'*indignité*, » visant à la fois le prétendu régicide et l'ancien évêque constitutionnel. Trois ans plus tard, comme on voulait l'obliger à faire renouveler son brevet de commandeur de la Légion d'honneur, il refusa une démarche qui eût ressemblé à une sollicitation, et répondit au grand chancelier : « Repoussé du Corps législatif, repoussé de l'Institut, permettez qu'à ces deux exclusions j'en ajoute moi-même une troisième, et que je me renferme désormais dans le cercle des qualités qui ne peuvent être ni conférées par brevet, ni enlevées par ordonnance. Je renonce à mon titre de commandeur. »

L'heure de la retraite sonnait. Grâce à l'intervention de Lanjuinais, Grégoire recouvra enfin sa pension, arbitrairement suspendue ; il passa ses dernières années dans l'hôtel de la rue du Cherche-Midi, au milieu d'un petit groupe de fidèles, publiant de nombreux ouvrages et entretenant dans le monde entier une vaste correspondance. Il était octogénaire quand le bruit lointain de la révolution de 1830 parvint jusqu'à lui. Comme le vieillard Siméon, il se réjouit et chanta le cantique d'actions de grâces, croyant voir l'aube de la République renaissante... Il ne s'agissait, hélas ! que de la monarchie du fils d'Égalité !

Gravement malade, au commencement de 1831, et se considérant toujours comme prêtre, il demanda les sacrements de l'Église. L'archevêque exigea qu'il rétractât d'abord son serment à la constitution civile du clergé ; il refusa. C'est alors que l'abbé Guillon, un ancien condisciple de Robespierre, un prêtre qui avait refusé le serment civique, puis s'était rapproché des Bourbons, et, après bien des *avatars*, était devenu aumônier de la reine Marie-

L'ABBAYE AUX BOIS.

Amélie, osa se passer du consentement de l'archevêque, et, jugeant qu'en une telle circonstance l'humanité devait l'emporter sur la discipline, donna l'extrême-onction au mourant, qui expira le 28 mai.

Vous connaissez tous, près du carrefour de la Croix-Rouge, une grande maison dont la cour n'est séparée de la rue de Sèvres que par une grille surmontée d'une croix de fer. C'est l'Abbaye-

SALON DE Mme RÉCAMIER A L'ABBAYE-AUX-BOIS,
d'après une lithographie de Dejuinne (Cabinet des Estampes).

aux-Bois. Là, Mme Récamier s'était retirée depuis plusieurs années, et, au premier étage de l'aile gauche, recevait Ballanche, Ampère, le duc de Noailles, Falloux, Lebrun, Montalembert, Matthieu de Montmorency, dans un salon, « hôpital de tous les partis, » où le jour pénétrait à peine, où l'on parlait à voix basse, où une seule occupation suffisait aux habitués : regarder, admirer, adorer ; et où toutes les illustrations briguaient pour être admises. Chateaubriand y régnait en souverain. Il s'y rendait régulièrement à trois heures et, pendant la première heure, il ne souffrait pas de tiers. On ouvrait ensuite les portes, et les intimes pénétraient. C'est dans ce sanctuaire que Lamartine lut ses premières *Méditations*, et que Victor Hugo fut salué « enfant sublime, » par l'auteur d'*Atala*.

Combien fut profondément troublée cette maison, d'ordinaire

si calme, envahie tout à coup par une foule immense, le lundi matin 30 mai ! La chapelle, dans laquelle on pénètre par une charmante porte du XVIIe siècle, était alors la première succursale de Saint-Thomas d'Aquin. L'archevêque en défendit l'accès au convoi de Grégoire, mais l'autorité civile s'en empara, en vertu d'un décret de l'an XII, qui décide que « si le ministre d'un culte refuse l'inhumation d'un corps, un autre ministre du même culte sera commis pour remplir ses fonctions. » Le curé s'étant retiré, ce fut un prêtre libre, l'abbé Grieu, qui officia, pendant qu'aux abords de l'église trop petite, plus de trente mille personnes s'écrasaient. A l'issue de la cérémonie funèbre, les étudiants — il y en avait encore — dételèrent les chevaux du char, et le traînèrent à bras jusqu'au cimetière du Mont-Parnasse. MM. Maréchal, Garat, de Lasteyrie, tenaient les coins du drap mortuaire. De brûlants discours furent prononcés sur les bords de cette tombe, où l'on vit reparaître bien des personnages oubliés, des lutteurs qui avaient figuré jadis dans tous les combats livrés pour la conquête de nos libertés.

Les honneurs militaires furent rendus au défunt, que le Gouvernement reconnaissait toujours comme étant commandeur de la Légion d'honneur. Dans l'immense cortège on remarquait de vieux conventionnels : Thibaudeau, Berlier, Merlin, Claude Ferry, puis des députés, des magistrats, des écrivains, Isambert, Crémieux, Raspail, le duc de Valmy, le duc de Bassano, Baude, Maréchal, le comte de Lasteyrie, David d'Angers, Camille Paganel, Littré, Beuchot, qui ne le quittèrent qu'au bord de la tombe.

J'ai été hier revoir la tombe de Grégoire, une simple croix de pierre sur laquelle on lit : *Mon Dieu, pardonnez à mes ennemis.* Ces paroles conviennent bien à celui qui eut la plus rare des vertus, la vertu des forts : « le fanatisme de la tolérance. »

XXXIII

A L'ÉLYSÉE

SAINT-SIMON, avec sa malignité habituelle, nous raconte comme quoi le comte d'Évreux, troisième fils de M. de Bouillon, n'ayant pas un sou pour payer sa charge de colonel de la cavalerie, « se résolut à sauter le bâton de la mésalliance et à faire princesse la fille de Crozat qui, de bas commis, s'était mis aux aventures des banques et passait avec raison pour un des plus riches hommes de Paris. »

Mme de Bouillon appelait cette belle-fille « son petit lingot d'or. » Cet or servit à édifier, en 1718, entre les Champs-Élysées et le faubourg Saint-Honoré, un palais digne de la « princerie » des Bouillon.

Trente ans plus tard, l'hôtel d'Évreux fût acquis par celle qui, née prosaïquement Jeanne Poisson, puis devenue Madame Le Normand d'Étioles, avait enfin été présentée à la reine, sous le titre sonore de « marquise de Pompadour. » Elle l'embellit à grands frais, en personne magnifique qui n'a pas besoin de compter, et, sans se soucier du droit de la Ville, elle fit saillir le jardin par un hémicycle sur le Grand Cours[1]. A la mort de la marquise, en 1764, le roi affecta l'hôtel au garde-meuble de la Couronne, puis au logement des ambassadeurs étrangers. Le jardin, admirablement dessiné, orné d'une grotte et d'une cascade, merveilles du genre, était alors ouvert au public, et, dans les appartements du rez-de-chaussée, étaient exposés les *ports de mer*

1. C'est l'hémicycle que contourne l'avenue Gabriel.

de France, que Joseph Vernet venait d'exécuter de 1753 à 1762, sur les ordres du frère de Mme de Pompadour, Marigny, très intelligent directeur des bâtiments, jardins, arts et manufactures.

MADAME DE POMPADOUR,
pastel de La Tour (musée du Louvre).

Les mutations de la propriété étaient alors beaucoup plus fréquentes qu'on ne le croit généralement. On vendait pour racheter; on achetait pour revendre. En 1777, Louis XVI vend l'hôtel d'Evreux à Beaujon, banquier de la cour; puis, en 1786, il le rachète, au prix de 1,100,000 livres et 200,000 pour les glaces et les tableaux, et il le rétrocède immédiatement à la duchesse de Bourbon.

Celle-ci mérite que nous nous occupions d'elle.

C'était une princesse d'Orléans, née à Saint-Cloud en 1750, arrière-petite-fille du Régent et sœur de ce duc Louis-Philippe-Joseph qui devait accepter un jour de la Commune de Paris — le 15 septembre 1792 — le nom d'*Égalité!* Elle avait atteint sa vingtième année quand elle épousa un enfant de moins de quinze ans[1], son cousin le duc de Bourbon, furieusement épris d'elle. De leur mariage naquit le duc d'Enghien ; mais cette belle passion se refroidit aussi vite qu'elle était née ; un incident rendit la brouille inévitable. Au bal de l'Opéra du 3 mars 1778, le comte d'Artois insulta la duchesse de Bourbon et lui arracha son masque ; un duel eut lieu le lendemain au bois de Boulogne entre le comte et le duc de Bourbon, que leurs capitaines des gardes obligèrent à se réconcilier sur le terrain. Mais le scandale avait été trop grand ; les deux époux vécurent séparés désormais, et la duchesse, maîtresse de sa fortune, s'établit en 1786 à l'hôtel d'Évreux, qui prit alors le nom d'*Élysée-Bourbon*.

Abandonnée à elle-même, elle changea complètement de genre de vie, et, dès les premières années de la Révolution, tomba dans des idées mystiques qui la livrèrent à un trio d'insensés : le chartreux dom Gerle, une vieille servante échappée de la Salpêtrière, Catherine Théot, *la mère de Dieu*, et une prophétesse qu'elle recueillit, Suzanne Labrousse. Arrêtée en mai 1793, elle ne recouvra la liberté que le 29 avril 1795, et se retira en Espagne, où, avec les débris de sa fortune, elle fit de sa maison un véritable hôpital dans lequel elle donna un généreux asile à deux cents malades à la fois.

L'Élysée-Bourbon, confisqué comme domaine national, tomba entre les mains d'entrepreneurs de fêtes ; au printemps de 1797, ils y ouvrirent, sous le nom de *Hameau de Chantilly*, un établissement, rival de Tivoli. Pour un franc d'entrée, le glacier Velloni offrait

1. Né le 13 avril 1756, le duc Louis-Henri-Joseph de Bourbon avait juste quatorze ans et onze jours, quand il épousa, le 24 avril 1770, sa cousine Louise-Marie-Thérèse-Bathilde d'Orléans.

aux Incroyables et aux Merveilleuses des danses champêtres dans les jardins, des jeux de bague, feux d'artifice, carrousels, exercices militaires et montagnes russes. En 1805, Murat s'en rendit acquéreur, le restaura et l'habita jusqu'à son départ pour son royaume de Naples ; en 1808, il en fit don à l'Empereur, qui aimait

LE MARQUIS DE MARIGNY.

à venir se reposer du faste des Tuileries dans cette délicieuse retraite.

Après l'étonnante catastrophe de Waterloo — la seule chose qu'il n'eût pas prévue, — le Titan, à demi foudroyé, rallia sous la citadelle de Laon le torrent des fuyards. Devait-il tenter d'y reformer son armée, et surprendre Blücher par une attaque soudaine, ou bien, nouvel Antée, reprendre vigueur en touchant le sol de la Capitale ; frapper du pied la terre et en faire sortir des légions ? C'est ce parti qu'il adopta, et qu'il n'eut pas l'énergie d'exécuter jusqu'au bout.

Exténué physiquement et moralement, il arrive à l'Élysée le 21 au matin, demande un bain, s'y jette haletant, dort quelques heures, puis se rend au Conseil des ministres. Là, il apprend que la Chambre des Représentants, menaçante, est en permanence ; qu'elle a déclaré coupable de trahison quiconque tenterait de la dissoudre, et qu'elle a mandé les ministres à sa barre. Ils s'y rendent aussitôt, accompagnés de Lucien [1] : « Je ne vois qu'un homme entre la paix et nous, leur dit le député Lacoste ; qu'il parte, et la paix sera assurée. » Tous ces parlementaires oubliaient que cinq cent mille étrangers s'approchaient à marches forcées, et qu'un rôle sublime s'imposait à eux : se transformer en Convention nationale ; charger Carnot d'organiser la victoire, comme en 93, s'il en était encore capable, et envoyer à la frontière Napoléon, généralissime de la République, avec l'ordre d'y vaincre ou d'y mourir.

Cependant l'Empereur s'indignait ; et marchant rapidement dans la salle du Conseil : « Qui est-ce qui peut sauver l'État ? Est-ce la Chambre ? est-ce moi ? Si je jetais tous ces discoureurs par les fenêtres, l'armée applaudirait, la France laisserait faire ! » A huit heures du soir, la Chambre nommait une commission, chargée en réalité de s'emparer du gouvernement.

Le lendemain 22 juin, on se réveilla de bonne heure, à l'Élysée. On reçut des nouvelles moins désolantes. Grouchy avait ramené à Laon son corps d'armée intact : « Ah ! murmura Napoléon, ils veulent des Bourbons, des Bourbons seuls !... Mais je puis encore écraser l'ennemi. Que nous faut-il pour échapper à notre ruine ? De l'union, de la persévérance et de la volonté ! » Il disposait en effet de plus de cent mille hommes, et Paris, fortifié, était défendu par soixante mille gardes nationaux ! Malheureusement, les députés s'ennuyaient d'attendre, et demandaient la déchéance. Ils envoyèrent le général Solignac signifier qu'ils ne donneraient plus qu'une heure de répit. Napoléon lui montra un peuple immense

1. Lucien, qui s'était brouillé avec son frère, depuis son mariage avec Alexandrine de Bleschamp, et qui avait quitté la France en 1804, se réconcilia avec l'Empereur pendant le séjour à l'île d'Elbe, le rejoignit à Paris en 1815, habita le Palais-Royal, prit place à la Chambre des Pairs, et fit partie de la Commission de gouvernement instituée par Napoléon, lors de son départ pour l'armée, dans la nuit du 12 juin.

emplissant tous les abords du palais et poussant des cris frénétiques de : *Vive l'Empereur !* « Je n'aurais qu'un mot à prononcer, dit-il à Solignac, pour vous faire tous jeter à la Seine par une compagnie de mes vétérans ! — Ose donc ! s'écria Lucien. — Je n'ai que trop osé !... » Et défaillant, brisé, il rentra dans son cabinet, et libella lui-même l'acte d'abdication. Carnot le porta à la Chambre des Pairs ; l'abominable Fouché, à la Chambre des Députés.

ENTRÉE DU PALAIS DE L'ÉLYSÉE.

Trois jours durant, les Fédérés assiégèrent l'Élysée, criant : « *A bas les traîtres!* » et suppliant l'Empereur de se mettre à leur tête. Le 25, à midi, le Gouvernement provisoire, de plus en plus inquiet, le fit sortir secrètement par le jardin, tandis que la foule l'attendait sur la rue du Faubourg-Saint-Honoré. Jusqu'au dernier moment, il s'était refusé à être « le roi des faubourgs ; » il alla, pour sa perte, se réfugier à la Malmaison.

D'Espagne, la duchesse de Bourbon n'avait cessé, même après l'exécution du duc d'Enghien — son fils ! — d'implorer sans vergogne Napoléon, pour qu'il lui permît de revenir en France. Elle n'y reparut pourtant qu'à la Restauration. Louis XVIII reconnut ses droits à la propriété de l'Élysée ; mais, comme il désirait l'affecter au duc de Berry, il donna en échange à la duchesse l'hôtel de Monaco[1], rue de Varennes, où, sous l'Empire, Talleyrand boitait « avec grâce. » Elle y passa ses dernières années, toujours occupée d'œuvres de bienfaisance, et y fonda l'hospice d'Enghien, transféré, en 1828, rue de Picpus..... dans l'ancienne maison des champs de Ninon de Lenclos ! Le 10 janvier 1822, elle fut frappée d'apoplexie à la procession de Sainte-Geneviève, reçut l'extrême-onction d'un missionnaire, et rendit le dernier soupir à l'École de Droit, où on l'avait transportée. Par son testament, elle laissait l'hôtel de Monaco à sa nièce, Madame Adélaïde. C'est là qu'a demeuré le général Cavaignac, comme chef du pouvoir exécutif, du 24 juin au 10 décembre 1848[2].

Hanté par les souvenirs de sa première enfance, le prince Louis-Napoléon, dès qu'il fut élu président de la Seconde République, n'eut rien de plus pressé que de prendre l'Élysée pour résidence. Sans avoir derrière lui l'auréole des campagnes d'Italie et d'Égypte, il y combina et y perpétra le coup d'État du 2 décembre qui, comme celui de Brumaire, devait le conduire à l'Empire, mais à bien pis que Waterloo : à Sedan.....

L'historien qui, plus tard, racontera ces tristesses et sera forcé de les juger, mettra en parallèle les hommes qui assumèrent la responsabilité de nos destinées après les désastres de juin 1815 et après les désastres de septembre 1870. Les premiers, se considérant comme absolument vaincus après la perte d'une seule bataille, renoncèrent à toute résistance et furent réduits à subir le souverain qu'il plut à Blücher de leur ramener dans ses fourgons ; les seconds luttèrent pied à pied pendant six mois, sauvegardèrent l'honneur de Paris, et conclurent la paix sans souffrir jamais aucune ingérence de Bismarck dans la nouvelle organisation politique de la France.

1. L'hôtel de Monaco, construit par l'architecte Jean Courtonne pour le prince de Tingry, est plutôt un palais qu'un hôtel, disent les historiens du XVIIIe siècle. Le prince de Bénévent y habitait en 1811.

2. En 1879, c'était l'hôtel du duc de Galiéra, et en 1886 l'hôtel du comte de Paris.

XXXIV

« FALSTAFF » A PARIS

On sait que le livret de Boïto est une élégante imitation, expurgée — et pour cause — d'une comédie de Shakspeare. Nous voyons donc les *Joyeuses Commères de Windsor*, Meg, Alice, Nanetta et Quickly, berner Falstaff vieilli ; cacher cet amoureux hors d'âge dans un panier de linge sale où il étouffe ; le jeter à la Tamise ; puis, quand il est à peine séché, lui persuader de se déguiser en cerf, et de les attendre... sous l'orme des fées, où aidées de leurs maris et même des valets, elles le houspillent, le harcèlent et le laissent plus mort que vif, sinon corrigé. Dans les pièces précédentes, l'auteur anglais nous l'avait montré jeune, libertin accompli, de belle humeur, toujours prêt à la riposte, gouaillant ses juges et ses créanciers, fréquentant les cabarets et la cour ; compagnon de débauche du prince de Galles, qui, devenu le roi Henri V, le chasse avec mépris et lui défend, sous peine de la vie, de jamais reparaître devant lui.

Or, voici que nos chroniqueurs du xve siècle nous révèlent l'existence d'un capitaine anglais, sir John Falstolfe, tout différent du bouffon que Shakspeare vient de nous présenter, et qui a le don de mettre le parterre en gaîté. Le Falstolfe de l'histoire joue un rôle important dans la période la plus triste pour nous de la guerre de Cent-Ans.

Il commande dix lances et trente archers à cette bataille d'Azincourt où nous laissâmes sur le terrain plus de dix mille morts. On redouta d'abord que les Anglais ne marchassent sur

Paris, mais ils étaient affaiblis par leur victoire, et ils se contentèrent d'achever la conquête de la Normandie. Dans la Capitale, Capeluche et ses Écorcheurs travaillaient pour eux. Perrinet Leclerc, pendant la nuit du 28 au 29 mai 1418, ouvrit la porte de Bucy à Villiers de l'Isle-Adam. Les Armagnacs furent massacrés ; Tanneguy du Châtel fut obligé d'abandonner la Bastille, mais il

Isabeau de Bavière, femme de Charles VI.
Portefeuille de Gaignières, d'après une peinture du temps (Bibl. nat.).

put emmener avec lui le dauphin Charles. La mort de Jean sans Peur, assassiné au pont de Montereau, jeta le nouveau duc de Bourgogne, Philippe le Bon, dans les bras des Anglais. L'indigne Isabeau, profitant de la démence de Charles VI, ne craignit pas d'accuser son fils de l'assassinat ; livra sa fille au roi d'Angleterre Henri V, qui prit le titre de régent de France, et les Parisiens virent passer, dans leurs rues et leurs carrefours, les vainqueurs d'Azincourt, ces archers sans chaperon, sans armure, et souvent sans souliers, pauvrement coiffés de cuir bouilli, la cognée et la hache pendant à la ceinture ; ils virent passer dans toute sa gloire éphémère cet Henri V, que la fortune comblait alors de tous ses dons, qui réalisait enfin les rêves d'Édouard III et du Prince Noir ; qui avait obtenu la main d'une fille de France, et qui logeait au Louvre, entouré de ses courtisans d'outre-Manche et d'une tourbe de mauvais Français, tandis que Charles VI, abandonné de

ARCHERS

tous, se mourait au fond de l'hôtel Saint-Paul, et que le véritable héritier de la couronne était réduit à se réfugier au delà de la Loire !

Nous retrouvons alors John Falstolfe au premier rang de nos ennemis. Le 24 janvier 1421, Henri V lui témoigne sa confiance en le nommant gouverneur de la Bastille, « aux gages de deux sols par jour pour lui ; un sol pour chascun de ses vingt hommes d'armes, et six deniers pour chascun de ses soixante archers, tous bien montez et armez pour la guerre, come à leur estat il appartient. »

Henri V et Charles VI expirèrent à quelques semaines de distance. Les Anglais proclamèrent roi de France un enfant de dix mois, Henri VI. Son oncle, le duc de Bedford, eut la régence, et, sous ce nouveau règne, Falstolfe continua d'être comblé de tous les honneurs : grand maître d'hôtel du duc, sénéchal de Normandie, gouverneur de l'Anjou et du Maine, chevalier banneret. A la fameuse journée des Harengs, c'est lui qui, très habilement, parvint à ravitailler les assiégeants d'Orléans. Mais peu après, Jeanne d'Arc entre en scène, et l'étoile des Anglais pâlit ; ils sont battus à Patay ; Talbot y est fait prisonnier, et Falstolfe, qui n'était pas d'avis de livrer la bataille, s'enfuit avec sept à huit cents cavaliers. Talbot ne lui pardonna jamais, et, à ce que nous raconte Monstrelet : « Grand débat entre eux en sourdit. A Falstolfe fut osté l'ordre du blanc jarretier ; mais depuis, pour plusieurs excusances qu'il mist en avant, lui fust rebaillée ladite ordre de la jarretière. »

Shakspeare s'est fait très violemment l'écho de cette accusation dans son *King Henri VI*; Talbot, en présence du roi, apostrophe ainsi Falstolfe : « Vil chevalier, j'ai juré d'arracher la jarretière de ta jambe de couard... (*Il la lui arrache.*) O prince Henri, pardonne à ma juste colère ; mais ce lâche, à la bataille de Patay, quand nous luttions un contre dix, s'est esquivé sans coup férir. Il a été la cause de la mort de douze cents d'entre nous ; c'est par sa poltronnerie que j'ai été fait prisonnier avec tant de vaillants gentilshommes ! »

L'exagération est manifeste, et, sans prendre plus que de raison la défense du prévenu, je constate qu'il conserva la considération du régent. De 1430 à 1440, il guerroie constamment en Normandie, ou bien il est chargé de missions au concile de Bâle et au congrès d'Arras. Je relève, dans le *Journal d'un bourgeois de Paris*, une très curieuse mention relative à l'un des siens : « Le lendemain de la Nativité Nostre-Dame de l'an 1435, fust tué, à l'assault de Sainct-Denis, le nepveu au sire de Falstolfe, et après fust despecé par pièces et cuit en une chaudière au cymetière de

Sainct-Nicolas-des-Champs, jusqu'à ce que les os laissassent la char, et puis furent très bien nettoyés et mis en un coffre pour être portés en Angleterre, et les tripes et la char et l'eaue furent enfouys en une grande fosse au dict cimetière. »

Bientôt ce ne furent plus seulement leurs morts que les Anglais eurent à rapatrier, mais les misérables débris de leurs troupes qu'ils ne pouvaient même plus payer. Par le traité d'Arras, leur principal allié, le duc de Bourgogne, Philippe le Bon, les abandonna, malgré toute la diplomatie que déploya Falstolfe, et reconnut enfin Charles VII pour son roi. Le vendredi 13 avril 1436, Richemond, Dunois, Villiers de l'Isle-Adam, surprirent de grand matin la porte Saint-Jacques, et s'avancèrent rapidement jusqu'à la Grève. Sur leur passage, les Parisiens joyeux criaient : « La paix ! Vive le Roi et le duc de Bourgogne ! » En vain, les vieux Cabochiens et les lieutenants de Henri VI essayèrent-ils d'organiser la résistance ; dans toutes les rues, les habitants tendaient des chaînes ; de toutes les fenêtres, on jetait, sur les étrangers maudits, des pierres, des bûches, des meubles, tout ce qui tombait sous la main ; Willoughby ne se réfugia qu'à grand'peine dans la Bastille, avec les mille ou douze cents hommes qui lui restaient. Ils demandèrent à capituler ; Richemond leur accorda la vie sauve, mais on ne leur laissa pas traverser la ville ; ils contournèrent extérieurement les remparts, de la Bastille au Louvre[1], et s'embarquèrent pour Rouen au port Saint-Nicolas. Du haut des murailles, la population tout entière assistait à leur exode et les accablait d'injures et de sarcasmes. Chacun leur criait en guise d'adieu : « Au renard, au renard ! » par allusion à l'emblème de leur jeune roi.

BANNIÈRE DU COMTE DE RICHEMONT.

Je ne crois pas que Falstolfe ait été l'un des lords si justement « mocquez et huez par le pauvre commun de Paris » dans la journée du 17 avril. Il devait alors exercer ses fonctions de lieutenant de Henri VI, à Caen. Il les résigna en 1440, ayant atteint

1. C'est-à-dire qu'ils firent le tour extérieur de l'enceinte de Charles V.

sa soixante-troisième année, et se retira au lieu de sa naissance, dans son manoir patrimonial de Caister-Castle, réédifié, selon la tradition, sur les dessins de quelque prince français prisonnier. Il y vécut encore près de vingt ans, aidant de ses libéralités les universités d'Oxford et de Cambridge, ainsi que les clercs peu fortunés, qui trouvaient chez lui un généreux abri pour leurs études.

Est-il possible, maintenant, de confondre, comme l'ont fait la plupart des traducteurs et des commentateurs, l'habitué des tavernes de Windsor avec le vaillant chevalier d'Azincourt? Pourquoi n'a-t-on pas demandé la solution du problème à Shakspeare lui-même, en le lisant plus attentivement! On aurait vu, dans le *King Henry V*, que Pistol — un fier chenapan — annonce à ses dignes camarades, Bardolph et Nym, que « Falstaff vient de rendre son âme — s'il en a une — au Seigneur ou au Diable, » dans le moment même où la flotte part de Southampton pour la France, en 1415.

Le chevalier outragé par Talbot dans le *King Henri VI,* est donc un nouveau personnage, et Shakspeare lui donne un nom nouveau : *Fatstolfe.*

Un dernier mot sur Pistol. Ce drôle a un point commun avec notre Figaro, qui prétend que le fond de la langue anglaise est *goddam!* Pistol, lui, trouve que le fond de la langue française, c'est *fouchtra!* et qu'avec ce vocable merveilleux, en France on peut aller loin ; et il s'écrie du ton le plus méprisant : « Un fouchtra pour les bassesses de ce monde!... un fouchtra pour la dignité des juges! un fouchtra pour... [1] ; mais j'arrête là mes citations, me souvenant, peut-être un peu tard, que « le lecteur français veut être respecté. »

1. Et pour qu'on ne m'en croie pas sur parole, je cite mon auteur :
Henri V, seconde partie, acte V, scène III.
Falstaff prie Pistol de lui donner des nouvelles comme un homme de ce monde, et Pistol lui répond :
« *A foutra for the world, and worldlings base!* » (Un *fouchtra* pour le monde et les méprisables mondains!)
Le juge Shallow dit à Pistol qu'il exerce un office au nom du Roi, et Pistol lui répond :
« *A foutra for thine office!* » (Un *fouchtra* pour ton office!)

XXXV

LES JOYEUSETÉS DE LA CENSURE

TUEZ-LA, elle n'en meurt pas. Elle ne s'en porte pas plus mal que le légendaire Commissaire rossé tous les jours aux Tuileries par Guignol. Le Commissaire, c'est la Censure, et Guignol, c'est le gouvernement falot qui, à chaque avènement, la supprime, quitte à la ressusciter le lendemain.

Le bon Louis XII était plus tolérant ; il riait de bon cœur quand les clercs de la basoche le représentaient comme un avare insatiable buvant dans un vase d'or sans pouvoir étancher sa soif ; il ne se fâchait que si « ces languards » poussaient l'audace jusqu'à médire de la reine Anne, « sa chère petite Brette ! » Alors il parlait de les faire tous pendre.

Son gendre et successeur, François Ier, avait la colère terrible. Outré de ce qu'on jouait ses amours à la place Maubert, « il envoya huit ou dix de ses gentilshommes souper dans une taverne, rue de la Juifverie, et là fust mandé, à faulses enseignes, messire Cruche, prestre, grand versificateur, auteur de la farce. Dont luy venu au soir, il fut contrainct jouer la dicte farce, et incontinent despouillé, battu de sangles merveilleusement, et mis en grande misère. Il y avait un sac tout prest pour le mettre dedans et le porter à la rivière ; et c'eust esté faict ainsy, n'eust esté que le pauvre homme cryoit très fort, leur monstrant sa couronne de prestre qu'il avoit en la teste. »

Les acteurs et auteurs de ce temps n'avaient pas maille à partir qu'avec le Roi ; il leur fallait encore compter avec une terrible concurrente : l'Église, car, des deux parts, on se disputait la clientèle. Jean du Pontalais, artiste au théâtre de l'hôtel de Bourgogne, faisait battre le tambour près de Saint-Eustache. Le curé vient et lui dit : « *Qui t'a fait si hardi de jouer du tambourin pendant que je prêche?* » Et l'autre : « *Qui t'a fait si hardi de prêcher pendant que je tambourine?* » — Le curé crève le tambour ; Pontalais court derrière lui, le rattrape à l'entrée de l'église, et se venge en le coiffant de son tambour effondré.

La Royauté et l'Église eurent bientôt à se défendre contre un danger bien autrement formidable : LE LIVRE.

François Ier s'était d'abord montré plein de bienveillance pour les vingt-quatre imprimeurs-libraires de Paris [1]. « Dans sa singulière affection pour l'accroissement des belles lettres et estudes, » il les exempta de divers impôts et du service militaire ; mais, en 1534, il eut la faiblesse de céder aux objurgations intéressées de la Sorbonne, et il menaça « de la hart quiconque désormais imprimerait ou ferait imprimer dans son royaume. » Fort heureusement le Parlement, bien inspiré cette fois, fit des remontrances, et « douze personnages, bien qualifiés et cautionnés, » furent seuls autorisés à imprimer les livres « approuvés et nécessaires au bien public. »

Précautions inutiles ! Avec la Réforme, la libre-pensée envahissait le monde. Des placards « libertins » furent affichés sur la porte de la chambre du roi ; les ouvrages les plus hardis circulaient dans toutes les mains ; les bûchers flambèrent pour des milliers de martyrs ; quelques noms sont restés dans la mémoire de tous : Berquin, Étienne Dolet, Martin L'Homme, Anne Dubourg, Philippe de Gastines, Coligny, Ramus. Beaucoup moururent en exil : Calvin, Clément Marot, Robert Estienne.

Au XVIIe et au XVIIIe siècle, le progrès est sensible : on ne brûle plus les gens, on les pend, on les marque, on les met au carcan, ou on les envoie aux galères. Chavigny, auteur d'un libelle contre

1. Noms de ces vingt-quatre imprimeurs-libraires en 1521 : Augereau ; — Josse Bade ; — Blaublom ; — Bonnemère ; — Guillaume Bossozel ; — Prigent Calvarin ; — Chevalon ; — Simon de Colines ; — Nicolas Couteau ; — Robert Estienne ; — Gromors ; — François Gryphe ; — E. Higman ; — Denis Janot ; — Kerbriant ; — Yolande Bonhomme, veuve de Thielman Kerver ; — Philippe Lenoir ; — Nyverd ; — Regnauld ; — Boigny ; — Pierre Sergent ; — Vascosan ; — Vi doué ; — Chrestien Wechel.

l'archevêque de Reims, qu'il appelle le *Cochon mitré*, passe trente ans dans une cage de fer au Mont-Saint-Michel. Un compagnon-imprimeur et un garçon-relieur sont pendus en Grève pour avoir débité un pamphlet : *L'Ombre de M. Scarron*, avec une gravure de la statue de Louis XIV, place des Victoires, où, au lieu des quatre figures d'angle du piédestal, c'étaient quatre femmes qui tenaient le roi enchaîné : Mmes *de la Vallière, de Fontanges, de Montespan* et *de Maintenon*. L'érudit Fréret est jeté à la Bastille pour avoir parlé légèrement de Clodion le Chevelu et des guerriers francs [1].

Quant aux livres, on les châtie comme des personnes ; on les charge de fers, on les met au pilon, on les réduit en pâte, on les brûle par la main du bourreau, au pied des grands degrés du Palais, dans la cour du Mai. Tel fut le sort des ouvrages les plus divers : la *Dîme royale* de Vauban, le *Parnasse* de Théophile, les *Provinciales*, le *Télémaque*, les *Lettres philosophiques*, la *Lettre sur les Aveugles*, l'*Émile* et l'*Histoire philosophique des Indes* de Raynal, où on lisait, il est vrai, ces lignes séditieuses : « Peuple lâche, imbécile troupeau ! tu te contentes de gémir quand tu devrais rugir ! [2] »

Louis XIV, jugeant la Faculté de Théologie trop négligente, ordonna à son chancelier de nommer des censeurs chargés de l'examen des livres qu'on se proposerait de publier. De là cette formule bien connue que l'on rencontre à la fin de tous les ouvrages jusqu'à l'époque de la Révolution : « J'ai lu, par ordre de Mgr le Chancelier, un manuscrit intitulé....., où je n'ai rien trouvé qui doive en empêcher l'impression. » Mieux valait avoir affaire au Roi

1. Fréret n'avait que vingt-six ans quand il fut reçu à l'Académie des Inscriptions, en 1714. Pour son discours de réception, il lut une *Histoire de l'Origine des Français* tout à fait opposée aux idées émises par Mézeray, le P. Daniel, et alors généralement acceptées par tous. Selon lui les Francs n'étaient pas un peuple particulier, mais une ligue, formée au IIIe siècle entre plusieurs peuples de la basse Germanie. Le nom de *Franc* ne veut pas dire *libre*, signification étrangère aux langues du Nord ; il répond à tous les sens du latin *ferox* : fier, farouche, cruel. Tout cela est admis aujourd'hui, et parut alors scandaleux. La thèse de Fréret fut dénoncée au chancelier Voysin, sans doute par l'abbé Vertot, et le malencontreux auteur passa quelques mois à la Bastille.

2. Les livres, estampes, pamphlets saisis, étaient transportés à la Bastille. Cette énorme masse de papier passait dans les mains des *déchireurs*, qui lacéraient ces imprimés et les livraient ensuite au *cartonnier*, au prix de 7 livres 10 sous le quintal. Lors de la prise de la forteresse, le *Dépôt*, dans lequel on conservait 20 exemplaires de chaque ouvrage saisi, formait un immense amas de livres reliés ou brochés, qui furent mis en pièce, brûlés ou enlevés par le peuple.

qu'à cette engeance ; pendant que Molière luttait cinq longues années pour produire son *Tartufe* à la lumière de la rampe, « maint censeur daubait sur lui nuit et jour, » nous dit Loret, dans sa *Gazette*, et le pauvre grand homme écrivait au roi : « Il est très assuré, Sire, qu'il ne faut plus que je songe à faire des comédies, si les tartufes ont l'avantage ; daignent vos bontés me donner une protection contre leur rage envenimée ! » Enfin, la pièce fut jouée, le 5 février 1669, au théâtre du Palais-Royal, et Molière remercia le roi « de la grande résurrection de *Tartufe*, ressuscité par ses bontés. »

Ce que Louis XIV avait bien voulu faire pour Molière, par un acte énergique d'autorité, dans le plus beau moment de son règne, Louis XVI le fit, par pure faiblesse et la mort dans l'âme, en subissant *Figaro*. « Hélas ! soupirait-il, si je laisse jouer cette pièce, il faudra démolir la Bastille ! » Il prophétisait vrai.

Ç'avait été le bon temps des censeurs royaux ; ils florissaient et pullulaient. J'en compte : soixante-dix-neuf, en 1750[1] ; cent vingt-trois, en 1771 ; cent soixante-dix, en 1780[2]. La sacro-sainte Autorité n'en fut pas moins réduite elle-même à invoquer la Liberté : un arrêt du Conseil, du 5 juillet 1788, invita chaque citoyen à exprimer son opinion sur la convocation des États généraux ; plus de 3,000 brochures parurent en dix mois, parmi lesquelles celle de Sieyès : *Qu'est-ce que le Tiers-État ? — Tout !*

La Constitution de 1791 inaugura une ère nouvelle ; elle garantit à tout homme la liberté de parler, d'écrire, d'imprimer et publier ses pensées, sans que les écrits puissent être soumis à aucune censure avant leur publication. Sous un régime si libéral, les journaux politiques quotidiens se multiplièrent, et les *Révolutions de Paris* tirèrent à 200,000 numéros. De tous côtés s'ouvrirent des théâtres, où la foule venait acclamer des pièces d'actualité patriotique. Malgré l'opposition de l'abbé Maury, les comédiens furent déclarés par l'Assemblée nationale citoyens et électeurs.

1. Parmi lesquels je remarque : Cotterel, curé de Saint-Laurent ; Riballier, principal du collège Mazarin ; — les médecins Senac, Sue, Louis ; — les mathématiciens Bézout, Montucla ; — les lettrés Condillac, Crébillon, Barthélemy, Ameilhon, Duclos.

2. Parmi lesquels, outre quelques survivants des précédents : Fourcroy, Parmentier, Bréquigny, Silvestre de Sacy, Suard, Grétry.

C'était l'âge d'or de la Liberté, il ne dura guère ; nous avions eu avant la Révolution l'*odium theologicum* : nous avons eu depuis l'*odium politicum*. Voilà plus d'un siècle que chaque gouvernement, à son aurore, nous fait des promesses illusoires, et la Censure a toujours été rétablie — quelquefois sous les formes les plus brutales — par le vainqueur du jour, contre le vaincu de la veille. Chaque parti peut faire son *mea culpa !*

L'ABBÉ MAURY arrêtant un colporteur qu'il rencontre criant : *Grand tumulte, par l'abbé Maury !* le conduit au district. (Fac-similé d'une estampe de la Bibl. de l'Arsenal.)

En 1792, les Jacobins brûlèrent au Palais-Royal l'opéra de *Richard Cœur de Lion* ; en 1794, la police interdit d'employer dans toute pièce, en prose ou en vers, les titres de *duc, comte, baron, monsieur, madame* ; en 1793, la Commune fait braquer deux pièces de canon devant le Théâtre-Français (l'*Odéon*), pour disperser les spectateurs qui veulent entendre l'*Ami des Lois* de Laya, et hurlent : « La pièce ou la mort ! » Napoléon Ier supprime les journaux qu'il trouve « trop bêtes, » désigne à son gré les théâtres qui pourront subsister, et dit hautement qu'il n'aurait jamais permis de jouer le *Tartufe*, si la pièce eût été faite de son temps. La Charte de 1830 déclara que la Censure ne pourrait jamais être rétablie, et Louis-Philippe ajouta : « Il n'y aura plus de procès de presse, » parole démentie par la loi du 9 septembre 1835, qui aggrava la répression des anciens délits et en inventa de nouveaux. Le Gouvernement provisoire de 1848 l'abrogea et abolit le timbre sur les journaux pour faire de la presse démocratique un moyen de propagande et d'instruction civique ; mais, au mois de juin de l'année suivante, des violences odieuses furent commises contre la Grande

Imprimerie de la rue Coq-Héron, dont le matériel fut saccagé par un bataillon de la garde nationale de l'ordre, sous le beau prétexte qu'il avait servi à composer des journaux de l'opposition.

Comparaison faite avec tout ce passé, nous vivons sous un régime relativement bénin ; la griffe ne déchire plus que de loin en loin. Ce n'est plus en France, n'est-ce pas, que l'on verrait, comme jadis, un grand inventeur patriote jugé à huis clos pour un livre imprudent, et condamné à cinq ans de réclusion dans quelque Bastille de province, alors qu'il eût mérité une récompense nationale. Cela n'arrive plus que chez les Hurons ou les Topinambous !

XXXVI

DU LUXEMBOURG A L'ÉLYSÉE

Deux des souverains qui, dans le cours de ce siècle, ont bien voulu se charger gracieusement de faire le bonheur de la France, ont passé par le Luxembourg pour arriver à l'Élysée.

Après le Dix-Huit Brumaire, Bonaparte, devenu consul, quitta son petit hôtel de la rue de la Victoire et vint s'installer au Luxembourg avec sa femme et ses deux enfants adoptifs, Eugène et Hortense Beauharnais. Il y résida un peu plus de trois mois, — du 10 novembre 1799 au 19 février 1800, — et c'est de là que sont datés plusieurs actes importants de son nouveau pouvoir : la proclamation de la Constitution de l'an VIII ; l'abolition de la loi des otages ; l'élargissement des prêtres détenus et des naufragés de Calais ; la clôture de la liste des émigrés, [1] etc.

Quarante ans plus tard, le prince Louis-Napoléon fit, lui aussi, son entrée au Luxembourg, mais il y fut moins bien logé que ne l'avait été son oncle. C'était à la suite de sa désastreuse expédition de Boulogne, moins folle peut-être qu'elle n'en avait l'air. Il fut conduit aussitôt à Paris et incarcéré, non pas, comme on l'a dit, dans « le cachot » du maréchal Ney — qui n'eut en

1. Il quitta le Luxembourg le 19 février, précédé et suivi d'un cortège imposant. De magnifiques troupes, commandées par Murat, Lannes et Bessières, ouvraient la marche ; les ministres, les conseillers d'État venaient ensuite ; puis le brillant carrosse, attelé de six chevaux blancs, où se tenaient les trois consuls. En arrivant au palais de la royauté, dont il avait fait enlever les bonnets rouges placés par la Convention au milieu des lambris dorés, son premier mot fut : « Eh bien ! Bourrienne, nous voilà donc aux Tuileries !..... Maintenant, il faut y rester. » Il avait réservé des appartements pour ses deux collègues. Lebrun s'installa au pavillon de Flore. Cambacérès refusa : « Le général Bonaparte, dit-il, voudra bientôt y loger seul ; il faudra alors en sortir ; mieux vaut n'y pas entrer. »

réalité d'autre geôle que le cabinet du bibliothécaire, — mais dans une des dépendances du palais, l'ancien couvent des Bénédictines-du-Calvaire, rue de Vaugirard, transformé en un quartier de cavalerie qu'il fallut aménager, en 1835, pour y recevoir les cent vingt et un insurgés d'avril. Le prince avait été précédé dans le « petit local » par les régicides Fieschi, Pépin, Morey, Alibaud, Meunier ; par le lieutenant Laity et par Armand Barbès. Il comparut, dans les derniers jours de septembre 1840, devant la Cour des Pairs, dont bien des membres étaient encore d'anciens serviteurs ou des fils de serviteurs de sa famille[1], et, quoiqu'il eût été admirablement défendu par Berryer, il voulut adresser lui-même quelques mots à ses juges : « Pour la première fois de ma vie, il m'est enfin permis d'élever la voix en France et de parler librement à des Français, dans ces murs du Sénat où je retrouve tous les souvenirs de ma première enfance...[2] Messieurs, je représente devant vous un principe, la souveraineté du peuple ; une cause, l'Empire ; une défaite, Waterloo ! Le principe, vous l'avez reconnu ; la cause, vous l'avez servie ; la défaite, vous voulez la venger ? Il n'y a pas de désaccord entre vous et moi... Vos formes n'abusent personne : dans la lutte qui s'ouvre, il n'y a qu'un vainqueur et un vaincu. Si vous êtes les hommes du vainqueur, je n'ai pas de justice à attendre de vous, et je ne veux pas de votre générosité. »

Le procureur général Franck-Carré[3] requit l'application des peines les plus rigoureuses que peut fournir le Code, et Louis-

1. Le chancelier Pasquier, qui présidait les débats, avait été conseiller d'État, baron de l'Empire, préfet de police de 1810 à 1814. D'ailleurs serviteur de tous les régimes : après l'Empire, la Restauration ; après la Restauration, la Monarchie de Juillet, etc.

2. Celui qui devait être Napoléon III, naquit aux Tuileries le 20 avril 1808, et sa naissance fut célébrée dans tout l'empire comme celle d'un héritier du trône, car ses deux oncles, l'Empereur et Joseph, n'avaient pas encore d'enfants. Il fut donc inscrit en tête sur le registre de famille de la dynastie napoléonienne, confié à la garde du Sénat ; il fut baptisé par le cardinal Fesch, et eut pour parrain l'Empereur, pour marraine Marie-Louise. Il avait sept ans quand il vit, pour la dernière fois, l'Empereur, à la Malmaison, le 29 juin 1815.

3. Cet excellent procureur général ne fut pas longtemps sans recevoir le salaire qu'il avait si bien mérité : six mois après, il fut créé pair de France par Louis-Philippe, et quand Louis-Philippe eut été chassé, Franck Carré, devenu alors président de la Cour d'appel de Rouen, eut l'ineffable bonheur, en 1849, d'adresser ses félicitations les plus sincères au même prince contre lequel un devoir bien pénible l'avait obligé de sévir en 1840. J'ai à peine besoin de dire que M. Franck-Carré était sénateur quand il rendit sa belle âme au Seigneur, en 1862.

Napoléon fut condamné, le 6 octobre 1840, à l'emprisonnement perpétuel dans une forteresse ; quatre jours après, il fut transféré au fort de Ham. Dans le cours du procès, le général Magnan s'était révolté à la seule pensée qu'on eût pu le croire un instant capable d'avoir accepté un demi-million et le bâton de maréchal pour prix de sa connivence avec les conjurés !

Et maintenant, lecteurs, voulez-vous que nous parcourions ensemble, comme de bons bourgeois flâneurs, *le chemin qui mène du Luxembourg à l'Élysée?*

Descendons la rue de Tournon en nous dirigeant vers la Seine. A notre droite, une grande enseigne tire les yeux : *Hôtel de l'Empereur Joseph II* ; c'est là que ce souverain philosophe, frère de Marie-Antoinette, demeura en 1777, sous le nom de comte de Falkenstein, étonnant Paris par sa simplicité, et visitant avec curiosité nos principaux établissements, où jamais Louis XVI n'avait songé à mettre les pieds. Deux pas plus loin, s'élevait la maison du *Cheval d'Airain*, que François Ier donna à Clément Marot « pour ses bons, continuels et agréables services. » A gauche, une caserne qui n'est autre que l'ancien hôtel de Concini, maréchal d'Ancre, assassiné au Louvre par Vitry, en avril 1617 ; et, un peu plus bas, l'hôtel de la fameuse Catherine, duchesse de Montpensier, sœur du duc de Guise, qui, en apprenant le meurtre de Henri III, criait au peuple : « Bonne nouvelle, mes amis, bonne nouvelle ! le tyran est mort. Je ne suis marrie que d'une chose, c'est qu'il n'ait pas su que c'est moi qui ai dirigé le coup ! »

En faisant un léger détour par le boulevard Saint-Germain, nous gagnons la rue de l'Ancienne-Comédie. A gauche, cette maison que distingue à l'extérieur un bas-relief, est celle où les comédiens du roi jouèrent, de 1689 à 1770, *Turcaret, Rhadamiste, le Joueur, Œdipe, Zaïre, Mérope, Mahomet, la Métromanie, le Barbier de Séville*[1]. La scène abandonnée a servi d'atelier à Gros, puis à Horace Vernet. Vis-à-vis de la Comédie, survit toujours le café Procope, si gai jadis, où s'assemblaient les auteurs, les

1. La Comédie-Française s'installa provisoirement en 1770, aux Tuileries, dans la salle des Machines, en attendant l'achèvement de l'Odéon, qu'elle inaugura en 1782.

philosophes, les musiciens, les artistes, Fontenelle, La Motte, J.-B. Rousseau, Crébillon, La Faye, Le Sage, Voltaire, Piron. On y faisait des épigrammes, des chansons fort jolies ; c'était une école d'esprit, dans laquelle il y avait un peu de licence, une petite Académie[1].

LE PALAIS DU LUXEMBOURG ET LA RUE DE TOURNON.
(Cette gravure représente les soupers fraternels dans les sections de Paris.)

Nous voici dans la triste rue Mazarine. Elle doit son nom au collège fondé par Mazarin et affecté aujourd'hui à l'Institut. A l'est, toutes les maisons s'appuient sur la muraille de Philippe Auguste, qui aboutissait à la Tour de Nesle et dont on

1. Un jour, Marmontel, qui n'était encore qu'apprenti-philosophe, donna rendez-vous à Boindin chez *Procope*. Ils convinrent d'une espèce d'argot, destiné à dérouter les curieux. L'âme devait s'appeler *Margot* ; la religion, *Javotte* ; la liberté, *Jeannette* ; et Dieu, *M. de l'Être*. Un homme de mauvaise mine leur demanda : « Quel est donc ce M. de l'Être dont vous paraissez si mécontent ? — Monsieur, répondit Boindin, c'est un espion, le connaissez-vous ? »

On faisait silence autour de Piron dont les saillies mettaient presque toujours les rieurs de son côté. Il y vint un jour avec un habit très riche. « Messieurs, dit l'abbé Desfontaines, cet habit convient-il à un poète ? — Messieurs, s'écria le poète en montrant l'abbé, cet homme convient-il à son habit ? »

retrouve des vestiges au fond des cours. A l'ouest, trois inscriptions placées par les soins de la Ville, méritent notre attention. La première, au nº 42, en face de la rue Guénégaud, nous rappelle que la troupe de Molière, après la mort du grand comique, y joua de

L'EMPEREUR JOSEPH II, BEAU-FRÈRE DE LOUIS XVI.

1673 à 1689, époque où, sur les plaintes de ses rigoristes voisins, les régents du collège Mazarin, la Comédie-Française se transporta rue des Fossés-Saint-Germain[1]. La seconde, au nº 12, nous rappelle les débuts de Molière qui, à peine âgé de vingt et un ans, y ouvrit, en décembre 1643, l'*Illustre Théâtre*, dans le jeu de

1. Que nous appelons aujourd'hui rue de l'Ancienne-Comédie.

paume des « Mestayers ». Une troisième inscription signale la maison où un singulier personnage, d'abord laquais de Molière, puis comédien, puis homme d'affaires, François Dumouriez du Périer — grand-père du général — fonda, en 1722, le premier établissement de pompes à incendie.

Passons rapidement la Seine au pont des Arts, ou au pont du Carrousel, et suivons le quai des Tuileries. C'est la voie douloureuse que prit le premier roi de France chassé de sa capitale par des sujets révoltés. Le vendredi 13 mai 1588, à quatre heures du soir, Henri III, ne se sentant plus en sûreté dans son Louvre, sortit à pied par la Porte-Neuve, une badine à la main, comme s'il eût été faire sa promenade quotidienne aux Tuileries... De l'autre côté de l'eau, les gardes de la porte de Nesle l'aperçurent, et tirèrent sur lui et sa suite quelques coups d'arquebuse, mais sans atteindre personne, à cause de la distance... Il s'assit sur une pierre, versa des larmes, ne pouvant se décider à aller plus loin ; on lui amena des chevaux, on le botta, on lui mit son éperon à l'envers, et, toujours galopant, il gagna Saint-Cloud, puis Rambouillet, puis Chartres.

RUE DE L'ANCIENNE-COMÉDIE ET LA MINERVE DU N° 14.

Voyez, à l'angle de la place de la Concorde et du quai, cette petite porte dérobée, au bas de la terrasse. Le mercredi 24 février 1848, vers midi, le vieux roi Louis-Philippe, honteux et confus, apprenant un peu tard, et à ses dépens, qu'un trône mal acquis par les barricades se perd par les barricades, fut trop heureux d'y trouver un modeste fiacre qui le voiturât à Saint-Cloud, première station des princes dans l'embarras.

A travers les magnifiques perspectives qui, de tous les côtés, éblouissent les regards ; à travers la rue Royale et le faubourg Saint-Honoré, nous arrivons au terme du voyage. Je contemple l'Élysée, ce logis au nom trompeur, but de tant d'ambitions masquées, d'intrigues mal déguisées, funeste jusqu'ici à tous ses hôtes de passage.

Le premier en date, Murat, le quitte en 1808 pour une couronne ; il est fusillé, en 1815, au Pizzo.

Napoléon Ier n'en sort, le 12 juin 1815, que pour courir au-devant de la catastrophe de Waterloo. J'ai déjà raconté ici même comment il y revint ; les quatre jours d'agonie — du 21 au 25 juin ; — la seconde abdication, arrachée par les parlementaires d'alors, et Sainte-Hélène pour dernier asile.

Le duc de Berry et la jeune duchesse en font le plus agréable séjour après 1816, et le dimanche 13 février 1820, à la sortie de l'Opéra, le duc tombe mortellement frappé par le poignard de Louvel.

La rue qui isole le palais à l'est, a été ouverte sur l'emplacement de l'hôtel où la duchesse de Praslin fut trouvée assassinée le 17 août 1847. Soupçonné du crime, le duc de Praslin est conduit au Luxembourg pour y être jugé par la Cour des Pairs, et meurt empoisonné dans sa prison.

Tout arrive, tout vient à point à qui sait attendre. Le même prince que nous avons vu au Luxembourg condamné, en 1840, à l'emprisonnement perpétuel, entre triomphant à l'Élysée, le 10 décembre 1848 ; il en sort empereur en 1852. Napoléon III savoure les délices du rang suprême : il est encensé par l'intègre Franck-Carré, et il le bombarbe grand officier de la Légion d'honneur ; de l'intègre Magnan, il fait un maréchal de France, un grand-croix, un sénateur, un grand veneur, je ne sais quoi encore ; mais, comme Napoléon Ier, comme Charles X, comme Louis-Philippe, Napoléon ne mourra pas sur le trône ; il s'éteint, abandonné de tous, à Chislehurst, le 9 janvier 1873.

Le maréchal de Mac-Mahon n'a pu achever à l'Élysée son

premier septennat; M. Grévy n'a pu y achever le second... Mais je m'arrête ici. J'ai raconté les rigueurs du passé, et, n'ayant pas le don de prophétie, j'ignore ce que le sort réserve aux grands dignitaires du présent et de l'avenir[1].

1. J'écrivais ces dernières lignes le dimanche 2 avril 1893, sous la présidence de M. Carnot. Le dimanche 24 juin 1894, il était frappé par Caserio, et ne rentra pas vivant à l'Élysée. M. Casimir-Perier n'y a séjourné que six mois...

XXXVII

A L'INSTITUT

SUR l'emplacement des fossés de l'hôtel et de la tour de Nesle — dont je raconterai un jour ici l'histoire — Le Vau éleva, de 1662 à 1664, un vrai palais, destiné au collège que Mazarin, par son testament, avait fondé en faveur de soixante jeunes gentilshommes originaires des *quatre nations* annexées à la France sous son ministère: Pignerol, l'Alsace, l'Artois, le Roussillon. L'édifice, situé dans l'axe d'une des entrées du Louvre, offre aux yeux la perspective originale et unique à Paris, d'une place demi-circulaire avec dôme central et pavillons carrés aux aogles.

La dotation du collège *Mazarin*, ou des *Quatre-Nations*, consistait en un legs de deux millions de capital; en diverses rentes montant à 79,000 livres, et dans la bibliothèque du Cardinal, l'une des plus riches qui fût au monde. L'austère Université, réunie au couvent des Mathurins, n'accepta pourtant ce don magnifique qu'à la condition de réduire à trente le nombre des boursiers, et de rayer du programme l'équitation, l'escrime et la danse[1] ; elle exigea plus tard la fermeture du théâtre ouvert par la veuve de Molière vis-à-vis la rue Guénégaud, voisinage que l'*Alma parens*, aussi

1. Mazarin avait formellement indiqué dans son testament, qu'à l'enseignement universitaire serait joint celui de l'équitation, de l'escrime et de la danse, arts rigoureusement nécessaires à de jeunes gentilshommes. L'Université se refusa à adopter ce qu'elle appelait : *Academiam palæstricam*, *Academiam gladiatoriam*, elle repoussa de son sein avec horreur *gladiatores et saltatores*, les bretteurs et sauteurs ! La pensée de Mazarin ne fut pas comprise, et l'établissement original qu'il avait voulu fonder, fut coulé dans le même moule que les anciens collèges. Les vieux programmes restèrent immuables, et la brèche ne fut pas ouverte, par laquelle seraient entrés le dessin, les langues modernes, etc.

rigoriste que notre ligue des Vieux Messieurs, jugeait dangereux pour ses nourrissons.

Ce fut alors le plus beau et le plus vaste des collèges parisiens; les internes avaient chacun leur chambre et mangeaient dans des couverts d'argent aux armes du Cardinal. L'établissement était en pleine prospérité à la veille de la Révolution, et comptait avec ses externes près de douze cents élèves ; mais, en 1790, les ecclésiastiques qui le dirigeaient ayant refusé de prêter serment à la constitution civile, furent considérés comme démissionnaires, et, le 8 mars 1793, la Convention ordonna la vente des biens. Les fonctionnaires supprimés ainsi étaient au nombre de trente-neuf, parmi lesquels le nommé Chevalier, *correcteur*, c'est-à-dire *fouetteur*, car on fouettait encore même les élèves de rhétorique, et l'on raconte que l'un d'eux, exaspéré, se défendit et tua son bourreau d'un coup de canif.

Le collège vide devint une maison d'arrêt sous la Terreur. Michaud, le fondateur de la *Quotidienne,* y était incarcéré le 27 octobre 1895. Conduit ce jour-là au tribunal qui siégeait de l'autre côté de l'eau, au Palais-Royal, il offrit à déjeuner à ses deux gardiens, et les grisa si bien qu'il put leur échapper en les laissant sous la table.

La Convention n'avait détruit que pour réédifier. Aux anciens collèges basés sur l'internat, elle substitua, sous le nom d'*Écoles centrales,* des externats, pensant avec raison que si l'État doit se charger de l'instruction, les familles ne doivent pas se désintéresser de l'éducation. Elle évitait ainsi de s'immiscer dans la direction religieuse de l'enfance, et elle repoussait la responsabilité du casernement auquel Napoléon Ier allait, neuf ans plus tard, condamner la jeunesse française et ses surveillants, dans ces lycées que notre aveuglement continue d'admirer et de multiplier. A l'étude si exclusive des langues anciennes, elle adjoignit celle des langues vivantes, des sciences physiques et mathématiques, du dessin, de l'histoire et de la grammaire générale. L'une des trois Écoles centrales de Paris ne pouvait être mieux placée que dans les bâtiments sans emploi de l'ancien collège des Quatre-Nations. Elle y resta de 1797 à 1804, et compta au nombre de ses élèves

Guépratte[1], Victor de Broglie, Laënnec[2] et Millevoie, l'un des plus grands poètes du commencement de ce siècle.

Les académies, comme les collèges, étaient alors condamnées par l'opinion. « Elles doivent être libres et non privilégiées, » disait Lanjuinais à la Constituante. Chamfort, dans un rapport écrit pour Mirabeau, malade, demandait la suppression de « ces écoles de servitude et de mensonge. » Grégoire, dans son langage emphatique, représentait leurs séances comme « une arène où se battent Oromaze et Arimane! » Enfin, par un décret du 8 août 1793, la Convention supprima toutes les académies « patentées ou dotées par la Nation, » et le 25 octobre 1795, elle déclara : « Il sera créé un Institut national chargé de perfectionner les arts et les sciences et de publier les travaux scientifiques et littéraires qui auront pour objet l'utilité générale et la gloire de la République. — Il sera divisé en trois classes : Sciences physiques et mathématiques ; — Sciences morales et politiques ; — Littérature et beaux-arts. » On trouve dans la liste des premiers membres : Lagrange, Laplace, Cuvier, Volney, Cabanis, Grégoire, Lakanal, Daunou, Chénier, Ducis, David, Méhul, Grétry. C'est au Louvre qu'ils se réunirent d'abord. Cinq d'entre eux furent proscrits au 18 fructidor: Carnot, Pastoret, Barthélemy, Sicard et Fontanes.

Ce fut Bonaparte qui remplaça Carnot dans la section de mécanique[3]. Devenu premier consul, et sur le point d'être proclamé empereur, il modifia complètement l'organisation de l'Institut, afin de supprimer la classe des sciences morales et politiques qui lui portait ombrage. Les nouvelles classes furent au nombre de quatre : Sciences physiques et mathématiques; — Langue et littérature françaises ; — Histoire et littérature anciennes ; — Beaux-arts. Les

1. Guépratte, ingénieur hydrographe, dont la vie presque entière s'est écoulée dans les fonctions de directeur de l'Observatoire du port de Brest.

2. Le grand médecin, né à Quimper en 1781, mort en 1826; il a sinon découvert, au moins appliqué et propagé la méthode d'*auscultation* qui permet de lire à travers les parois du thorax.

3. Carnot et Barthélemy s'étaient opposés au coup d'État qu'accomplirent les trois autres directeurs Barras, Rewbell et Larevellière.

Carnot parvint à se cacher chez le député Oudet, rue Saint-Honoré, et à passer en Suisse, mais il fut dépouillé de ses biens, de son caractère de représentant et de son siège à l'Institut. Il ne revint en France qu'après le 18 brumaire.

Moins heureux, Barthélemy fut envoyé à Sinnamari avec les généraux Pichegru et Ramel. Il s'évada et revint aussi en France après le 18 brumaire.

élections n'eurent plus lieu qu'avec son approbation, et son autorité se fit maintes fois sentir: « Qu'entends-je dire? L'Institut se permet de devenir une assemblée politique? Qu'il fasse des vers, qu'il censure les fautes de la langue, mais qu'il ne sorte pas du domaine des Muses, ou je saurai bien l'y faire rentrer! »

En toute autre occasion, Napoléon se montrait bon prince pour ses chers confrères. En 1806, il les installa magnifiquement dans le collège Mazarin qu'ils n'ont plus quitté depuis. Le pont des Arts remplaça alors le petit bateau sur lequel jusque-là on passait la rivière pour six deniers. On en fit un lieu de rendez-vous agréable, bordé de caisses d'orangers, de sièges pour les promeneurs, de serres remplies de plantes rares. Dans les belles soirées d'été, le beau monde y venait de tous les points de la ville écouter les musiciens ambulants et les montreurs de curiosités.

Les temps difficiles commencèrent pour l'Institut avec la chute de l'Empire et la Restauration. Le 11 avril 1814, Lacretelle, président de la classe de langue et littérature, accepta avec enthousiasme le triste honneur de présenter l'Institut aux souverains alliés. « Guerriers, qui ne vous montrez point en ennemis, leur dit-il sans rougir, il m'est bien doux d'entendre de votre bouche les sons de notre langue natale! » On voyait dans la salle l'élite de la société royaliste et tout l'état-major de nos « amis les ennemis. » Villemain lut son discours sur les *Avantages et les inconvénients de la critique*, et couvrit de fleurs « ses augustes auditeurs. » — « Pour nos soldats et pour leur gloire, il demanda presque pardon! »

Tant de zèle valait bien une récompense. Louis XVIII, désireux de rétablir toutes les traditions de la monarchie, ressuscita l'Académie Française par son ordonnance du 21 mars 1816. Malheureusement, il ne s'en tint pas là : sous l'inspiration du secrétaire perpétuel, Suard, qui trouvait enfin l'occasion de satisfaire ses longues rancunes, et du comte de Vaublanc, ministre de l'Intérieur, qui voulait faire oublier son passé démagogique et impérialiste, il se laissa aller à une mesure violente, l'élimination de vingt-deux membres de l'Institut: Carnot, Grégoire, David, Lucien et Joseph Bonaparte; Lakanal, Monge, Garat, Maury, Arnault, Rœderer, Sieyès, Maret, Étienne, Regnaud de Saint-Jean d'Angely, Lacuée, Merlin de Douai, Cambacérès, Bory de Saint-Vincent.

Quelques-uns furent bannis. Au moment de partir pour l'exil, Carnot apostropha Fouché, le ministre de la Police, qui, sur les listes de proscription, n'avait « oublié aucun de ses meilleurs

LE PALAIS DE L'INSTITUT ET LE PONT DES ARTS VERS 1806.

amis. » Le dialogue fut aussi animé que concis: « *Où veux-tu que j'aille maintenant, traître? — Où tu voudras, imbécile !* »

Carnot alla mourir à Magdebourg, Maury à Rome, David à Bruxelles, Lucien à Rome, Joseph à Florence ; Regnaud ne revint à Paris que pour y expirer le jour même de son arrivée [1].

Je dois reconnaître que les orléanistes, parvenus au pouvoir, se montrèrent plus sages que les ultras qui conseillaient Louis XVIII en 1816. Non seulement Louis-Philippe ne radia

1. Ces vers furent gravés sur sa tombe, au cimetière du Père-Lachaize :

Français, de son dernier soupir,
Il a salué la Patrie,
Un même jour a vu finir
Ses maux, son exil et sa vi .

personne, mais l'un des premiers actes de son ministre de l'Instruction publique, M. Guizot, fut de rétablir en 1832 l'Académie des Sciences morales et politiques, abolie depuis 1803. Les survivants de l'ancienne classe furent recherchés et réintégrés de droit. Ils étaient encore une dizaine : Garat, Daunou, Dacier, Destutt de

TOMBEAU DU CARDINAL MAZARIN.

Tracy, Lacuée, Pastoret, Merlin, Rœderer, Sieyès, Talleyrand, Reinhard.

L'un d'eux fut oublié : Lakanal, dont on ignorait presque l'existence. Ce vaillant homme s'était fait planteur sur les bords de l'Alabama ; il ne revint de la Louisiane qu'en 1833, et fut réélu à la place que le décès de Garat laissa vacante bientôt après. Il est mort en 1845, aussi pauvre qu'il avait vécu, âgé de quatre-vingt-deux ans, dans une bien modeste maison de la rue de Birague, où une inscription posée par la Ville rappelle le souvenir du « réorganisateur de l'instruction publique. [1] »

Quel prestige exerce toujours la *classe* où l'on travaille le moins, cette Académie Française replâtrée par Louis XVIII; si impuissante à remplir son mandat, à tenir au courant son Dictionnaire d'usage, à publier annuellement l'examen des ouvrages les plus importants ! Dédaigneuse, pour ne parler que de ce siècle, de Courier, Millevoye, Aug. Thierry, Al. Dumas père, Louis Blanc, Béranger, Michelet, elle n'en hypnotise pas moins les plus puissants esprits de notre temps, et ce sont ceux-là qu'elle rebute, naturellement. Ne s'avisent-ils pas d'avoir des titres littéraires! Ils dérangeraient l'harmonieuse triade des ducs, des polytechniciens et des normaliens. L'Académie les fascine quand même ; elle les condamne à multiplier à perpétuité des visites fastidieuses, « manœuvres et brigues » interdites pourtant de la manière la plus formelle par l'article 14 d'un règlement qui ne semble avoir été inventé que pour être violé.

1. Inscription de Lakanal, rue de Birague, 10 :

JOSEPH LAKANAL
MEMBRE DE LA CONVENTION NATIONALE
RÉORGANISATEUR
DE L'INSTRUCTION PUBLIQUE
NÉ A SERRES (COMTÉ DE FOIX)
LE 14 JUILLET 1762
EST MORT DANS CETTE MAISON
LE 14 JUIN 1845

XXXVIII

PROMENADE A TRAVERS LUTÈCE

Des sépultures antiques ont été découvertes dans les fouilles de l'École de Droit. On peut s'attendre à de pareilles surprises chaque fois que l'on donne un coup de pioche dans cette région. L'importance de Lutèce, bien autrement considérable que ne l'ont supposé la plupart des historiens de Paris, éclate chaque fois qu'on en remue le sol, et l'on peut maintenant reconstituer avec certitude ses grandes voies, ses casernes, ses palais, ses temples et ses théâtres.

Nous pouvons nous en convaincre par le récit d'un jeune chevalier romain qui visita Lutèce au commencement du IVe siècle :

« J'ai déjà parcouru les deux tiers de la Gaule, et je quitte Orléans pour voir la cité des Parisiens, qui commence à être connue par le séjour prolongé de plusieurs de nos empereurs ; Constance-Chlore s'y trouve en ce moment ; il y est à égale distance de la Bretagne et de la Germanie, ce qui lui permet de surveiller les mouvements de ces deux frontières continuellement menacées. Je suis accompagné par Ursus, un riche marchand gaulois qui connaît parfaitement toute cette province. Il est toujours de belle humeur, et, quoique beaucoup plus âgé que moi, il se prête à répondre à toutes mes questions. Jupiter sait si elles sont fréquentes ! Avant de faire le commerce, Ursus a été précepteur d'un jeune Grec, né à Narbonne. Il a de l'étude, il aime les antiquités ; je ne pouvais pas rencontrer un compagnon de voyage plus précieux par son savoir. Nous approchons. Le temps est fort beau. Ursus envoie devant nous les valets, les chevaux, les bagages, dans une hôtellerie où il a coutume de descendre. Il est bon marcheur, et prétend qu'à pied on est bien plus à même de s'arrêter ou de s'avancer, selon les curiosités qu'offre la route.

» Il me fait traverser, sur leur sommet, une longue suite d'arcades qui franchissent la vallée de la Bièvre. C'est la maîtresse œuvre de l'aqueduc qui amène les eaux de Rungis aux Thermes de Lutèce. De quelle vue on jouit à cet endroit ! On aperçoit au loin la Seine, fleuve majestueux animé par de nombreux bateaux chargés de marchandises. Au milieu, *l'île de la Cité*. Elle florissait déjà au temps de César, c'est-à-dire il y a trois siècles et demi. Elle me paraît couverte de bâtiments en pierre, remarquables par leur blancheur. Entre la Bièvre et la Seine, une colline assez élevée, le mont *Lucotitius*, où jadis, dans la guerre de l'Indépendance, un héros gaulois, Camulogène, arrêta quelque temps les efforts de Labiénus. C'est Ursus qui me souffle tous ces noms et tous ces détails, avec sa complaisance habituelle.

» Je lui montre du doigt, au bas du mont, vers l'orient, un édifice circulaire qui ressemble, en petit, au Colisée ; il me dit que ce sont les *Arènes*. Tout au fond, bien au delà de la Seine, quelques collines boisées bornent le paysage. Sur la plus haute, on découvre un temple ; Ursus m'apprend que c'est le mont de Mars. Toute cette campagne est admirablement cultivée ; elle est égayée par le ruban argenté de la Seine qui, sans cesse, revient sur elle-même, à travers des noyers, des châtaigners, des cerisiers, des figuiers, arbres qui leur sont venus de l'Italie, comme chez nous ils sont venus de l'Asie.

» Le soleil, déjà ardent, commence à nous gêner. Nous redescendons, et Ursus m'invite à prendre chez un cabaretier, au bord de la route, une jatte de vin rouge excellent. C'est la richesse du pays. Les Parisiens maudissent le souvenir du méchant Domitien qui fit arracher toutes les vignes, et bénissent le bon Probus qui, de nos jours, a permis de les replanter. Du pain cuit sous la cendre, et quelques figues, complètent cet agréable repas. Les figuiers viennent bien encore sous ce climat, parce qu'on les protège par des couvertures de paille contre les froids de l'hiver.

» Pendant que nous prenons ainsi le frais sous la tonnelle, voilà qu'au bout d'un champ voisin passent rapidement des hommes et des femmes qui se dissimulent derrière les broussailles, et disparaissent tous au même endroit, comme s'ils s'enfonçaient dans quelque ouverture souterraine. Notre hôte, interrogé, nous dit avec colère que ce sont des *galiléens* ou *chrétiens* ; leur détestable engeance pullule chaque jour davantage ; ils abondent dans ces lieux remplis de profondes carrières, et s'y cachent pour commettre leurs crimes abominables, sacrifier des enfants, et boire ensuite leur sang. Ils fréquentent les Bagaudes et ils sont Bagaudes eux-mêmes !... Nous quittons le tavernier, pleins de tristesse et de craintes sur les dangers dont ces chrétiens menacent l'empire, car nous savons, Ursus et moi, qu'ils déchaînent sur Rome la colère des dieux, qu'ils refusent le service militaire, et qu'ils appellent de leurs vœux les barbares. On dit même que Constance les protège secrètement !

» Nous reprenons notre marche sur la longue voie [1], juste assez large pour deux chars. Tout au long, des tombeaux çà et là, et d'élégantes villas témoignent de la richesse et du goût de leurs propriétaires. A droite, sur les flancs du mont Lucotitius, ce ne sont que fours à poterie, ateliers pour la fabrication de vases d'un dessin élégant : coupes ; amphores noires, grises ou rouges ; figurines, Minerves, dieux gaulois cornus, bonshommes grotesques, façonnés là sur place, avec la terre trouvée sur place ; une industrie toute locale, un article de Paris, genre Samos. J'en achète quelques-uns pour en faire don à mes amis de Nîmes.

» Mais Ursus m'entraîne ; nous passons près de la place d'armes et d'un petit temple de Bacchus [2], situé à notre gauche, et nous nous arrêtons devant les Thermes, immense édifice bordé de jardins qui s'étendent jusqu'à la Seine. Ursus, que rien n'embarrasse, parle à l'oreille d'un des surveillants de la porte, et obtient la permission de jeter un coup d'œil dans l'intérieur. Nous admirons surtout le *frigidarium*, salle immense et magnifiquement ornée.

1. Évidemment ce chevalier romain veut parler de la voie que nous appelons aujourd'hui la rue Saint-Jacques.

2. Sans doute, le temple de Bacchus, remplacé plus tard par l'église Saint-Benoît.

La *piscine* est alimentée par cet aqueduc de Rungis que nous avons visité le matin. Aux angles des voûtes figurent des proues de navire, emblèmes de la prospérité de Lutèce et de son commerce par eau.

» Mais tout à coup un grand bruit nous arrache à notre contemplation. Nous revenons en arrière ; le camp est en émoi.

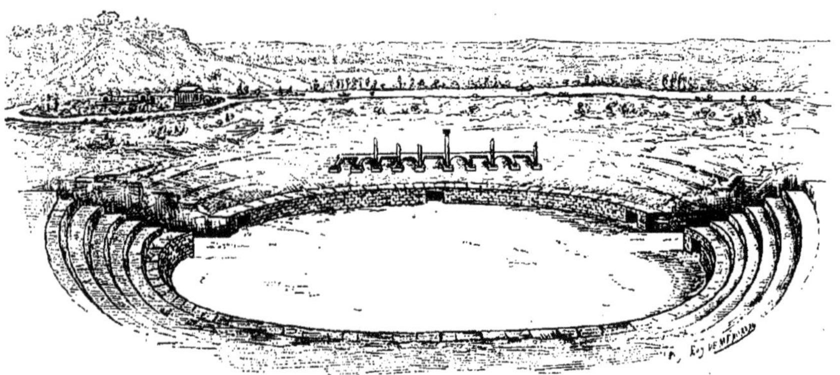

Montmartre et le temple de Mars. La Cité et le Palais. VUE D'ENSEMBLE DES ARÈNES.

Des soldats accourent en criant : « *Au cirque ! au cirque !* » On vient d'apprendre que quelques misérables Francs ont été surpris pillant des maisons de campagne aux environs de Louvres-en-Parisis. Amenés ici immédiatement, ils vont être livrés aux bêtes. Nous suivons avec difficulté les magistrats municipaux qui, comme nous, se rendent aux Arènes, où leurs places d'honneur les attendent ; le Sénat, *splendidissimus ordo* ; les duumvirs, les édiles, les questeurs, précédés de leurs licteurs. C'est à mi-côte que se trouvent les Arènes, consacrées à Vénus. Comme à Orléans, à Orange, les constructeurs, suivant un usage que j'ai observé maintes fois, ont profité de la déclivité de la montagne pour y adosser les gradins. Nous pénétrons dans l'immense cuve par l'étage supérieur, réservé aux femmes, aux esclaves, à la foule en haillons. Un immense vélum garantit des ardeurs du soleil les spectateurs, au nombre de plus de vingt mille [1]. L'enceinte, de forme ovale, répond à deux destinations. Dans l'arène, plate, sablée, gardée d'une forte barrière, ont lieu les combats d'animaux et les combats de gladiateurs. C'est là que les Francs vont être dévorés par les fauves. Les gradins n'occupent que l'hémicycle appuyé sur la montagne ; dans l'autre, pas de gradins, mais une véritable scène, où se jouent les pantomimes et les autres divertissements. Le fond est occupé par un motif de l'architecture la plus riche, composé alternativement de niches carrées et demi-circulaires. Au-dessus, l'œil du spectateur se repose sur le cours du fleuve et les coteaux verdoyants qui le dominent. Les grandes assises du peuple parisien se tiennent dans ce lieu orné de toutes les magnificences de la peinture et de la sculpture [2].

» L'heure nous presse ; nous quittons les Arènes, et nous nous rapprochons de la Seine dont nous longeons la rive gauche, où est amarrée toute une flottille de bateaux marchands. La pointe orientale de la Cité divise le fleuve en deux bras, dont le plus petit est de notre côté. Il est si étroit, que nous distinguons très bien dans l'île l'autel élevé à Jupiter, par les nautes, au temps de Tibère.

» Nous entrons dans la Cité par le Petit-Pont. C'est à la pointe occidentale que s'élève, dans la plus belle situation, le palais des Césars et des gouverneurs de la Cité. On y rend la justice.

» Devant le palais se trouve le forum, à la fois place publique et marché. On y lit les édits, on y vend à l'encan. A cette heure même, a lieu une vente d'esclaves à laquelle je m'attarde quelques minutes avec intérêt. Ce sont de jeunes hommes, presque des enfants, remarquables par leur beauté, la blancheur de leur chair, leurs longs cheveux blonds. Le marchand me dit que ce sont des Scots faits prisonniers dans la guerre que nous soutenons contre eux, sur les bords de la Clyde, aux extrémités de la Bretagne.

» Nous sortons de la Cité par le Grand-Pont, et nous nous

1. On montre à Carnavalet, quelques-uns des modillons en pierre percés pour recevoir les mâts qui soutenaient le vélarium.

2. C'était un monument de premier ordre où la décoration peinte, les statues, les colonnades jouaient un rôle important. La foule y a acclamé Postumus, puis Julien, partant pour reprendre aux Germains Saverne et Strasbourg.

trouvons enfin sur la rive droite de la Seine, basse, marécageuse, peu bâtie [1]. Des voies exhaussées sur des digues courent en ligne droite au milieu de ces marais ; elles ont leurs trottoirs, leur colonnes milliaires, leurs pierres plantées de distance en distance pour permettre de monter plus facilement à cheval. L'une, conti-

LES THERMES DE JULIEN (Etat actuel).

nuant la voie d'Orléans, par où nous sommes venus, se dirige vers

1. La Seine et la Marne ont limité longtemps une des grandes divisions de la Gaule. Selon César, c'est là que finit la *Celtique*, et que la *Belgique* commence. Le territoire des Parisiens s'étendait à la fois sur la Belgique et sur la Celtique.

La rue Saint-Jacques ; Meudon, Arcueil, Montlhéry, Corbeil, Lagny, sont en Celtique.

Les rues Saint-Denis, Saint-Martin, Montmartre ; Chelles, Gonesse, Montmorency, Luzarches, sont en Belgique.

Jetez les yeux sur une carte de la Prévôté et Vicomté de Paris en 1789, et vous verrez que ces antiques subdivisions subsistaient encore alors. La Seine et la Marne sont toujours frontières. Au nord de leurs cours, vous trouvez : l'Ile de France ; au sud, la Brie française, le Hurepoix, le Mantais. L'église Saint-Séverin est dans le Hurepoix ; l'église Saint-Merry, dans l'Ile de France. Les circonscriptions religieuses sont encore mieux accentuées : Lagny, Bry-sur-Marne, Villeneuve-Saint-Georges, Vieux-Corbeil, sont dans l'*Archidiaconé de Brie* ; Choisy, Villejuif, Montlhéry, Châteaufort, Jouy, dans l'*Archidiaconé de Josas* ; Ecouen, Louvres, Argenteuil, Saint-Denis, sont dans l'*Archidiaconé de Paris*.

les provinces du Nord[1] ; une autre vers Soissons, Senlis, Louvres et Reims[2] ; une autre, à l'Est, vers Sens[3]. Depuis quelques années, des faubourgs commencent à s'y former.

» Un de ces chemins m'attire, celui qui conduit au temple de Mars, dont le profil se dessine tout en haut de la colline. Nous nous y engageons, mais la nuit approche ; les passants deviennent rares. Deux soldats que nous rencontrons nous conseillent de ne pas pousser notre promenade plus loin. La contrée n'est pas sûre ; elle est fréquentée par des partis de Francs ou d'Allamans qui, chaque jour plus hardis, vont marauder jusqu'auprès de la ville. « Au reste », ajoute l'un des soldats, « nos chefs semblent les redouter,
» et commencent à les laisser s'établir impunément dans les
» bourgs, dont ils ont égorgé les habitants. On risque aussi de ren-
» contrer les débris des Bagaudes qui, depuis leur désastre dans
» la presqu'île de Saint-Maur, errent de tous côtés à la recherche
» de quelque proie. »

» Nous écoutons des paroles si sages, et, harassés de fatigue après une telle journée, nous revenons chercher le repos dans l'hôtellerie où nos serviteurs nous attendent. »

Les grandes artères du Paris gallo-romain ont si peu changé de direction, les accidents de terrain se sont si peu modifiés depuis deux mille ans, que les lecteurs ont dû facilement reconnaître dans les arcades sur la Bièvre, l'aqueduc d'Arcueil ; dans la longue voie d'Orléans à Paris, la rue Saint-Jacques ; dans le mont Lucotitius, la montagne Sainte-Geneviève ; dans le mont de Mars, Montmartre, dans l'autel élevé à Jupiter, l'emplacement de Notre-Dame. Le Petit-Pont a conservé son nom. Le palais des Césars et des gouverneurs romains, c'est notre Palais de Justice. Le Forum occupait l'emplacement de la Préfecture de Police. Le Grand-Pont, c'est le pont Notre-Dame. La voie du Nord, c'est la rue Saint-Martin, aujourd'hui encore route de Senlis. La voie de l'Est, c'est la rue et le faubourg Saint-Antoine. Le chemin qui attirait notre jeune chevalier et Ursus, c'est la rue Montmartre et la rue des Martyrs.

1. C'est la rue Saint-Denis.
2. C'est la rue Saint-Martin.
3. C'est la rue Saint-Antoine.

Enfin, le temple de Mars a laissé quelques-unes de ses belles colonnes de marbre antique à la curieuse petite église Saint-Pierre, qui domine toujours la Butte, malgré l'écrasement du Sacré-Cœur.

XXXIX

NE TOUCHEZ PAS A LA SORBONNE !

A M. Gréard, membre de l'Académie Française, vice-recteur de l'Académie de Paris

Comme nous sommes dans un temps où les architectes, mis en vedette par les concours, ne pouvant faire beau, s'efforcent de faire énorme, on est en train de doubler le « pourpris » de l'antique Sorbonne. Elle s'étend actuellement de la rue des Écoles à la rue Cujas, et de la rue Victor-Cousin à la rue Saint-Jacques ! Dans cet immense quadrilatère — obstacle à la circulation de tout un quartier, — ont disparu les rues Gerson, Thoullier, des Poirées et cet hôtel borgne de la rue des Cordiers où demeurèrent Gresset, Condillac, Mably et Jean-Jacques ; disparu également, ce qui restait de l'église et du cloître Saint-Benoît, où le plus charmeur des poètes précurseurs de la Renaissance, grandit chez son indulgent protecteur, son « plus que père, » le bon chanoine Guillaume de Villon.

Nous avons perdu ce sentiment du pittoresque, ce je ne sais quoi de gai, de vif, d'amusant, d'inattendu, d'admirablement proportionné, qui caractérisa notre architecture, du XIIIe au XVIIe siècle. Ce qui pèse sur nous aujourd'hui, c'est le seul genre qui ne soit pas bon, le genre ennuyeux. Regardez, rue des Écoles, la façade principale, élevée à grands frais, si banale et si lourde. Plus loin, immédiatement après l'église, l'artiste s'est révélé un instant dans un fragment vraiment gracieux. Que n'a-t-il continué ? Non, la fatigue l'a pris aussitôt, et nous ne voyons plus qu'une suite incohérente d'édicules qui s'en vont de guingois tout le long de la rue Cujas et de la rue Saint-Jacques.

Étranglée dans le bizarre assemblage de ces diverses bâtisses, la Sorbonne de Richelieu subsiste encore triomphante, intacte, correcte et majestueuse, avec ses pavillons aigus entourant de trois côtés une vaste cour rectangulaire dont les plans successifs sont séparés par de larges degrés en pierre. Le quatrième côté est dominé par le portique septentrional de la chapelle, formé de dix colonnes corinthiennes sur un perron de quinze marches. C'est de la cour qu'il faut contempler l'élégance du dôme et de son campanile, ingénieuse réduction du dôme de Saint-Pierre.

Demain, malgré les belles promesses faites jadis par l'Administration à mon ami Cernesson et à moi, devant le Conseil municipal — mais où sont les neiges d'antan ! — les maîtres-maçons diplômés porteront la pioche sur ce remarquable ensemble, l'un des plus beaux spécimens de l'art architectural au temps de Louis XIII. On nous fera la charité, assure-t-on, de conserver la chapelle, en l'étouffant de toutes parts, et l'on maçonnera ferme sur l'emplacement de cette cour légendaire, que Paris et toute la France connaissent ; où toute la jeunesse des Écoles a passé, attendant fiévreusement les résultats du grand concours ou des examens du « bachot » ; où l'on entendait les appariteurs glapir : *Les candidats de la 1re série!* où d'interminables discussions s'engageaient à la fin des leçons entre les vieux auditeurs de Villemain, Guizot, Cousin, Jouffroy ou Saint-Marc-Girardin.

C'est dans l'espoir, bien vague hélas ! qu'il est peut-être encore possible d'arrêter ces cambrioleurs d'une nouvelle espèce, de les garrotter et de les mettre dans l'impuissance de nuire, que je confie cette protestation à la *Société des amis des Monuments parisiens*, et surtout à celui qui — je le sais, — gémit sur les ruines que l'on va amonceler devant lui : à M. Gréard, dont un mot suffirait pour empêcher la destruction idiote de s'accomplir.

J'avoue que ce ne sont pas toujours les souvenirs du passé qui défendent le beau monument dont je demande la conservation. La Sorbonne a été le plus exécrable instrument d'oppression de la pensée depuis Saint Louis jusqu'à la veille de la Révolution ;

toujours on la trouve au service des causes détestables. Bourguignonne avec Jean sans Peur contre Louis d'Orléans ; Anglaise avec Bedfort et Henri V contre le dauphin Charles, elle sollicite l'extradition de Jeanne d'Arc et veut la faire brûler à la place Maubert. Elle condamne Luther ; elle demande à François Ier d'abolir à jamais l'imprimerie, « qui enfante journellement des livres pernicieux. » Guisarde avec les princes lorrains ; Italienne avec Sixte-Quint ; Espagnole avec Philippe II, elle passe constamment à l'ennemi et fulmine les décrets les plus contraires aux traditions de l'Église gallicane. « Trente ou quarante docteurs, pédans crottés, marmitons et soupiers, qui, après grâces, traitent des sceptres et des couronnes, » déclarent qu'il est permis aux sujets de se révolter contre un souverain hérétique, et même de l'assassiner ; délient le peuple du serment de fidélité au roi, et défendent de recevoir Henri IV, « lors même qu'il se ferait catholique et qu'il serait absous par le Pape ! » La Sorbonne a persécuté le grand Arnauld ; elle a poursuivi de ses dangereuses colères : Dolet, Ramus, Vanini, Descartes, et même au XVIIIe siècle : Buffon, Montesquieu, Voltaire, Rousseau, Helvétius, Marmontel, Bailly, Mably, Diderot, tous plus ou moins complices de l'Encyclopédie.

Un rayon de soleil brille pourtant une fois dans ces ténèbres. Au commencement de 1470, deux hommes de bien, unis par un égal amour des lettres, Guillaume Fichet et Jean de la Pierre, docteurs en théologie, formèrent le projet d'ouvrir, dans la Sorbonne même, une imprimerie, et firent venir de Bâle trois ouvriers déjà renommés : *Ulrich Gering, Michel Friburgen, Martin Crantz* ; ils se mirent aussitôt à l'œuvre, eurent vite raison des premières difficultés, et, dans le cours même de l'année, donnèrent le premier livre paru à Paris : *Lettres de Gasparini de Bergame*, bientôt suivies d'une édition de *Salluste*.

En 1622, Richelieu, nommé cardinal, fut élu grand maître de la Sorbonne par les suffrages de la Société des docteurs, et, pour leur montrer sa reconnaissance, il entreprit de reconstruire entièrement le vieux collège fondé par Robert de Sorbon vers 1253. Il confia l'exécution de ses projets à l'habile architecte du Louvre, Jacques Lemercier ; la première pierre de la chapelle, où Richelieu voulait être inhumé, fut posée le 16 mai 1635 ; déjà, depuis six ans, les travaux de la maison étaient commencés, et trente-six appartements y avaient été aménagés pour les plus anciens docteurs. A l'étage supérieur était située la bibliothèque, et, au rez-de-chaussée, la *Salle des Actes*.

C'est là que tous les vendredis, entre la Saint-Pierre et

COUR DE L'ANCIENNE SORBONNE.

l'Avent, les aspirants au doctorat soutenaient les fameuses thèses *robertines*, qui duraient de six heures du matin à six heures du soir, à peine interrompues à midi par une légère collation. Le candidat devait argumenter en latin contre tous les ergoteurs qui le harcelaient et se relayaient de demi-heure en demi-heure. Cet étrange spectacle attirait un nombreux public de cardinaux, de prélats, de ducs et de pairs, de maréchaux, de savants. Si le soutenant appartenait à une famille princière, il discutait la tête couverte, les mains gantées, et le président le traitait de « sérénissime prince [1]. »

1. Les thèses étaient imprimées sur des feuilles de vélin in-folio, ou sur satin, et enrichies d'estampes.

Le 5 avril 1792, un décret de l'Assemblée législative supprime la Sorbonne en même temps que toutes les autres congrégations. Les nombreux artistes obligés de quitter le Louvre, quand Bonaparte entreprit de l'achever, envahirent les logements vides de la Sorbonne, et s'y installèrent jusqu'en 1820. A cette époque, une section de l'École de droit occupait le chœur de l'église, et des

TOMBEAU DU CARDINAL DE RICHELIEU.
(Cette gravure le représente dans le *Musée des Monuments français.*)

sculpteurs avaient leurs ateliers dans les chapelles et dans la nef.

Le candidat en offrait des exemplaires aux personnes dont il désirait s'attirer la bienveillance. Thomas Diafoirus dit à Angélique : « J'ai, contre les circulateurs, soutenu une thèse que j'ose présenter à Mademoiselle, comme un hommage que je lui dois des prémices de mon esprit. » Et Toinette, la lui arrachant des mains : « Donnez, donnez. Elle est toujours bonne à prendre pour l'image ; cela servira à parer notre chambre. »

Boileau suppose que la femme du lieutenant criminel Tardieu, Marie Febvrier, se fait, par avarice, des robes avec les thèses offertes par les plaideurs :

« Peindrai-je son jupon bigarré de latin,
Qu'ensemble composaient trois thèses de satin ;
Présent qu'en un procès, sur certain privilège,
Firent à son mari les régents d'un collège,
Et qui, sur cette jupe à maint rieur encor,
Derrière elle faisait dire : « *Argumentabor* ? »

Prud'hon habitait, depuis 1803, l'un des appartements sur la cour ; il avait pour compagne une femme charmante, peintre de mérite, Mlle Constance Mayer, et tous deux vivaient heureux, confondant leur gloire et leurs existences. Malheureusement, lorsque l'ordonnance du 3 janvier 1821 affecta tous les logis aux services de l'Université, Mlle Mayer, dont l'esprit était déjà malade,

COUPE DE LA CRYPTE DU TOMBEAU DE RICHELIEU,
d'après une gravure du musée Carnavalet.

s'imagina que sa liaison avec Prud'hon était la cause du congé qu'il avait reçu, et, le 26 mai, elle se coupa la gorge de deux coups de rasoir. Son ami ne se consola jamais de cette terrible fin, termina les tableaux qu'elle laissait inachevés, et s'éteignit, après de longues souffrances, moins de deux ans après elle.

Par un contraste singulier, c'est dans les salles mêmes où tant d'obscurs théologiens avaient dogmatisé et lancé leurs excommunications, que l'esprit nouveau brilla alors de tout son éclat, et qu'une foule enthousiaste vint chaque jour, dès 1811, écouter Laromiguière, Boissonade, Guizot, Villemain,

Cousin, Thénard, Gay-Lussac, Geoffroy Saint-Hilaire, etc., etc.

Ce n'est qu'en 1825 que l'église fut restaurée et rendue au culte. On y admire le remarquable mausolée du Cardinal, érigé en 1694 par Girardon, sur les dessins de Le Brun.

Ce tombeau a subi bien des vicissitudes, et n'a été conservé que grâce au courage d'Alexandre Lenoir.

Lui-même a raconté comment, dans le cours de 1793, il fut blessé à la main droite d'un coup de baïonnette en défendant le monument contre les énergumènes qui voulaient en exhumer le cadavre. « Le Cardinal offrait l'aspect d'une momie sèche et bien conservée ; la peau était livide, les pommettes saillantes, les lèvres minces, le poil roux, les cheveux blanchis par l'âge. » Un homme coupa la tête, la montra aux spectateurs, et l'emporta.

Lenoir préserva des outrages des furieux ce qui restait du corps, et fit rétablir l'œuvre de Girardon dans son *Musée des Monuments français*. Après la dispersion du Musée, sous la Restauration, le tombeau reprit son ancienne place dans l'église.

L'inconnu qui avait dérobé la tête, semble avoir été embarrassé de son larcin. Elle passa en diverses mains, et fut enfin restituée à M. Duruy, ministre de l'Instruction publique, en 1867. On l'a rajustée au corps avec solennité, non sans une grande émotion des nombreux assistants de la cérémonie. Pourquoi faut-il que leur pieuse conviction ait été troublée par quelques sceptiques qui ont osé douter de l'authenticité d'ossements si artistement rapportés !

XL

LA CONVENTION AUX TUILERIES EN MAI 1793

Le mardi 6 octobre 1789, vers midi, un homme de taille athlétique, à longue barbe, aux bras nus, et un jeune garçon, entrèrent dans Paris, portant au bout de deux piques les têtes des deux gardes du corps tués le matin même à Versailles. Ils annoncèrent l'arrivée prochaine du roi, de la reine et de leurs enfants.

L'immense cohue des gardes nationaux, des faubouriens, des femmes juchées sur les canons, des charrettes de farine couvertes de feuillage, précédant le carrosse de la famille royale, déboucha par les quais sur la place de Grève, à neuf heures du soir, après une marche accablante de près de huit heures, depuis le départ de la place d'Armes. Bailly reçut Louis XVI et Marie-Antoinette à l'Hôtel de Ville, dans la salle du Trône, aux acclamations de la foule enivrée de son facile triomphe[1]. Ce ne fut qu'après les harangues obligées, et à plus de minuit, que les souverains purent enfin pénétrer dans les Tuileries, inhabitées depuis soixante ans, et où manquaient les objets les plus indispensables, jusqu'aux

1. « Les *Trois Cents* étaient assemblés dans la Salle du Trône. Louis XVI et Marie-Antoinette y prirent place, et, à l'instant même, des acclamations passionnées retentirent de toutes parts. Moreau de Saint-Méry ne perdit pas cette occasion d'adresser un discours au roi : « *Lorsqu'un père adoré est appelé » par les désirs d'une immense famille, il doit préférer le lieu où ses enfants sont en plus grand nombre.* » Bailly prononça quelques mots qui mirent le comble à l'enthousiasme. Les municipaux firent ouvrir les fenêtres pour montrer au peuple la famille royale à la lueur des flambeaux. Nouveaux cris d'amour ! nouveaux transports ! Ce fut comme portée par ces témoignages d'affection, que la famille royale reprit enfin le chemin des Tuileries. »

Louis Blanc.

lumières, aux lits, aux tables et aux sièges; délabrement qui arracha ce cri au jeune dauphin: « Tout est bien laid ici, maman! »

L'Assemblée nationale avait décrété « qu'elle était inséparable de la personne du Roi. » Dans la grande difficulté de trouver à Paris un local suffisant pour ses onze cents et quelques membres, on essaya d'abord de la salle synodale de l'Archevêché, contiguë au côté sud de la Cathédrale; mais la solidité de ce vieil édifice ne résista pas à une telle épreuve. Pendant la séance du 26 octobre, une galerie s'écroula, et cinq ou six députés furent blessés; on songea alors au Manège des Tuileries, libre depuis peu de temps.

Le *Manège* occupait l'emplacement de la rue de Rivoli, depuis la rue du Dauphin jusqu'à la rue de Castiglione. Au lieu de la grille actuelle, un mur, couvert de charmilles, le séparait de la terrasse du jardin[1]. C'était un établissement *sui generis*, dont nous n'avons plus l'analogue, une *Académie*, où l'on enseignait avec l'équitation — « nécessaire à la jeune noblesse, constamment prête à monter à cheval, à l'exemple de ses pères qui marchaient toujours bottés, » — le dessin, les mathématiques, les armes et la danse. Les pensionnaires payaient quatre mille livres et devaient en outre entretenir à leurs frais un gouverneur, un répétiteur et un domestique; les demi-pensionnaires et les externes payaient des prix proportionnés.

L'Assemblée s'y réunit le lundi 9 mai, mais n'y retrouva pas les splendeurs de la salle des *Menus* à Versailles. La nouvelle salle, froide et nue, longue de quatre-vingts mètres, à peine large de vingt, était basse, voûtée, et, quoiqu'on eût placé la tribune au milieu, les voix les plus fortes se faisaient difficilement entendre aux extrémités. On n'y accédait de la rue Saint-Honoré que par l'impasse du Dauphin et l'étroit passage des Feuillants[2]. Les bureaux, la bibliothèque, les archives, furent placés dans les deux couvents des Feuillants et des Capucins[3].

1. Qu'on appelait *Terrasse des Feuillants*, et qui existe encore le long de la rue de Rivoli.

2. Et du côté des Tuileries, par dessus la terrasse, Louis XVI, dans la matinée du 10 août, n'eut qu'à traverser le jardin pour se rendre à l'assemblée législative.

3. Deux couvents construits du temps de Henri III, entre le jardin des Tuileries et la rue Saint-Honoré, qu'on appelait alors le *faubourg Saint-Honoré*, depuis la rue de Richelieu jusqu'à la rue Royale.

C'est dans cette chétive enceinte que se sont succédé les événements les plus émouvants de la première moitié de la Révolution. C'est là que siégèrent l'Assemblée constituante, jusqu'au 30 septembre 1791 ; l'Assemblée législative, du 1er octobre 1791 au 20 septembre, et la Convention, du 21 septembre 1792 au 9 mai 1793. C'est là que les Constituants décrétèrent la division de la France en

LE ROI ARRIVANT A PARIS AVEC SA FAMILLE, ESCORTÉ DE PLUS DE 30.000 CITOYENS (6 octobre 1789).

départements ; l'abolition des ordres monastiques ; la constitution civile du clergé ; c'est là qu'ils suspendirent les pouvoirs du roi après sa fuite à Varennes, et qu'ils reçurent son serment à la Constitution. C'est là que l'Assemblée législative vit défiler audacieusement devant elle la foule menaçante qui allait, le 20 juin, envahir le château des Tuileries ; que, le 11 juillet, elle déclara la Patrie en danger ; que, le 10 août, Louis XVI, incapable de se mettre à la tête de ses derniers défenseurs et de livrer au milieu d'eux le combat suprême, vint chercher un asile précaire avec sa femme et ses enfants, et entendit pour la seconde fois prononcer sa déchéance ; c'est là qu'il scandalisa la reine et l'Assemblée, en paraissant absolument étranger au drame qui se déroulait devant lui, et en se faisant servir un repas substantiel qu'il dévora goulûment : pain, vin, viandes froides, et une volaille entière. C'est là enfin que la Convention abolit la Royauté, proclama la République une et indivisible, promit d'accorder secours aux peuples qui voudraient recouvrer leur liberté ; fit comparaître à sa barre le malheureux Louis XVI, et le condamna à mort, après une « séance formidable de trente-sept heures, sur laquelle descendirent deux fois les ombres de la nuit, et où furent proférées des paroles que n'avaient jamais entendues les rois de la terre... » C'est là encore qu'elle décréta la levée de trois cent mille hommes pour résister à l'Europe entière coalisée contre nous ; la création du tribunal révolutionnaire et du Comité de Salut public.

A plusieurs reprises, des députés avaient protesté contre les inconvénients de la salle du Manège. Vergniaud proposa d'aller à la Madeleine : « Ce n'est pas, dit-il, que la Liberté ait besoin de luxe ; que Sparte puisse périr plutôt qu'Athènes dans la mémoire des âges ; mais l'architecture de ce temple, quoiqu'il soit encore inachevé, offre déjà le caractère le plus imposant ; ce sera un véritable monument digne de la nation française. » Broussonnet répondit : « Pourquoi pas les Tuileries, où il y a une plus belle salle? Plus les questions que doit traiter la Convention seront grandes, plus elles doivent avoir de spectateurs et de témoins ! » Brissot adhéra à ce dernier projet, et fit voter une somme de 300.000 livres pour l'exécuter.

Il y avait en effet, dans l'ancien palais des rois, un emplacement unique, la vaste salle des *Machines*, construite en 1662, par Vigarani, pour les plaisirs de Louis XIV, jeune. Au XVIIIe siècle, les Parisiens coururent y admirer les *panoramas* de Servandoni[1] ; puis l'Opéra s'y réfugia après l'incendie du Palais-Royal, en 1763 ; enfin, la Comédie-Française y reçut asile, en attendant l'achèvement de l'Odéon. *Habent sua fata lapides.* Qui eût dit que la scène inaugurée par l'adorable *Psyché* de Corneille et de Molière ; la

1. C'est l'architecte de Saint-Sulpice. Les décorations les plus remarquables qu'il livra à la curiosité du public, étonné de ce nouveau spectacle, furent : *L'Intérieur de Saint-Pierre-de-Rome* ; — *Énée aux Enfers* ; — *Pandore* ; — *La Forêt enchantée du Tasse* ; — *Héro et Léandre* ; — *Le retour d'Ulysse à Ithaque*.

scène où dansa Louis XV, âgé de dix ans ; la scène, célèbre à jamais par l'apothéose de Voltaire à la représentation d'*Irène* du 30 mars 1778, serait transformée quinze ans plus tard en « Sanctuaire des Lois, » et deviendrait le théâtre d'invraisemblables épopées ! [1]

La Convention s'y transporta le vendredi 10 mai 1793, et plaça ses bureaux dans les appartements les plus rapprochés : les comités de Législation et d'Agriculture, au pavillon de *Marsan* (Égalité) ; — le comité de la Guerre, au pavillon de *l'Horloge* (Unité) ; — les comités de Salut public, des Finances, de la Marine,

Le Roi ordonne aux Suisses de déposer à l'instant leurs armes et de se retirer dans leurs casernes.

Louis

Dernier ordre de Louis XVI (10 août 1792).

au pavillon de *Flore* (Liberté). Quant à la salle elle-même, à laquelle conduisait le grand escalier de Le Vau, avec ses draperies, ses faisceaux, ses statues de Lycurgue et de Solon, elle n'eut pas le don de plaire à Robespierre : « Les rois ou les magistrats de l'ancienne police, s'écria-t-il, faisaient bâtir en quelques jours une magnifique salle d'Opéra [2], et, à la honte de la

1. M. Lenôtre nous donne des détails curieux dans son intéressant ouvrage *Paris révolutionnaire* : « On réquisitionna des meubles à Versailles, à Trianon, à Fontainebleau : 49 fauteuils, 1.439 chaises, 192 banquettes, 416 paires de rideaux, 88 bureaux, 200 paires de mouchettes. Cette énumération, bien abrégée, donne une faible idée de ce que dut être le déménagement de cette vaste machine parlementaire qui emplissait le Manège et les deux immenses couvents des Feuillants et des Capucins. La nuit du 9 au 10 mai 1793, au cours de laquelle tout un monde d'employés et d'hommes de peine transporta, des anciens locaux au nouveau, la prodigieuse quantité de paperasses qui s'entassaient depuis l'ouverture des États généraux, cette nuit mériterait d'être contée, et le tableau serait pittoresque. »

2. Robespierre fait allusion au théâtre de la *Porte-Saint-Martin*, qui fut construit par l'architecte Lenoir en soixante-quinze jours et autant de nuits, pour remplacer l'Opéra de la rue Saint-Honoré, incendié en 1781. Il s'était engagé, par un dédit de 24.000 livres, à accomplir ce tour de force, pour que le public ne fût pas longtemps privé de son spectacle favori. Comme on se méfiait de la solidité d'une salle élevée aussi rapidement, on eut recours à une singulière expérience, *in animu vili*. On l'inaugura, le 28 octobre 1781, par une représentation *gratuite* d'*Adèle de Ponthieu*. L'affluence des braves gens qui se risquèrent à cette épreuve fut si prodigieuse, qu'elle rassura les habitués de l'Opéra et dissipa leurs craintes.

raison humaine, quatre ans se sont écoulés avant qu'on ait préparé une nouvelle demeure à la représentation nationale ! Que dis-je, celle même où elle vient d'entrer est-elle plus favorable à la publicité, et plus digne de la nation ? Il eût fallu que l'Assemblée des délégués du peuple délibérât en face du peuple entier ; un édifice ouvert à douze mille spectateurs, devrait être le lieu des séances du Corps législatif. Sous les yeux d'un si grand nombre de témoins, ni la corruption, ni l'intrigue, ni la perfidie, n'oseraient se montrer ; mais l'admission de quelques centaines de spectateurs, encaissés dans un local étroit et incommode, offre-t-elle une publicité proportionnée à l'immensité de la nation ? »

Généreuses paroles auxquelles répondait bien mal l'attitude des tribunes, en ce terrible mois de mai 1793, où les sages distinguaient tous les signes précurseurs de l'orage qui allait éclater. Les réunions publiques les plus houleuses de nos jours ne peuvent pas donner une idée du tumulte des séances d'alors. Des femmes, vraies mégères armées de poignards, s'asseyaient effrontément aux places des députés ; ceux-ci leur donnaient le plus triste exemple, et les épithètes de « scélérat et d'assassin » étaient les plus douces aménités qu'ils échangeaient entre eux. Des hommes, postés dans les galeries, couvraient d'injures les Girondins qui répondaient : « Nous savons que vingt-deux d'entre nous sont voués à la mort ; que la Commune invoque contre nous les odieux souvenirs de la Saint-Barthélemy[1] ; mais croyez-vous que les départements verraient impunément égorger leurs représentants ? La France a confié à Paris le dépôt de la défense nationale ; si jamais une insurrection y portait atteinte, nous vous le déclarons au nom de la France entière, Paris serait anéanti, et bientôt l'on chercherait sur les rives de la Seine si Paris a existé ! »

1. Le terrible procureur de la Commune, Chaumette, organisait l'insurrection qui allait éclater le 1er juin, et, dans le plus singulier langage, ne cessait d'injurier les Girondins : « Semblable au Nil qui traîne la fange dans les souterrains des montagnes où il se cache, le ministre des Contributions publiques traîne les crimes dans le labyrinthe tortueux des finances. Clavière est un fripon, je le dénonce au peuple ! »

Dans sa séance du 19 mai, la Commune déclare la Convention incapable de sauver la Patrie. Le meurtre de vingt-deux de ses membres, de vingt-deux tyrans, serait un acte urgent, légal et de salut public. « A minuit, dit un orateur qui croit faire preuve d'érudition, Coligny était à la cour ; à une heure du matin, il n'existait plus ! »

Par un singulier contraste, en ce même mois de mai — que Sylvain Maréchal, dans son *Almanach des républicains*, appelle le *mois des amants* — Paris s'amusait ; le « Tout-Paris » qui ne fréquentait ni les Jacobins ni les Cordeliers. Malgré l'emprunt forcé d'un milliard sur les riches, il payait allègrement mille livres et un équipement complet à chacun des volontaires qu'il envoyait

BOISSY D'ANGLAS PRÉSIDANT LA CONVENTION, LE 1er PRAIRIAL AN III.

aux frontières. Théroigne de Méricourt, en attendant qu'elle fût fouettée en plein jardin des Tuileries, recevait une brillante société d'hommes d'État dans ses salons de la rue de Tournon. Le livret de l'Exposition de Peinture comptait plus de mille numéros. Les cours du Lycée de la rue de Valois et ceux du Collège de France, conservaient leurs auditeurs ; les théâtres faisaient salle comble ; les traiteurs du Palais-Égalité refusaient des convives ; les officiers municipaux ne suffisaient plus à la quantité des mariages, et, dans les bals publics, on admirait les toilettes grecques et romaines des jeunes beautés coiffées de guirlandes civiques.

Ces aimables distractions ne gênaient en rien ceux qui faisaient guillotiner, en cette année terrible : Louis XVI, Barnave, Adam Lux, Philippe-Égalité, Bailly, Custine, Manuel, Rabaud-Saint-Etienne, et jusqu'à des femmes : Mme Roland, la du Barry, Olympe de Gouges, Charlotte Corday. Il est vrai qu'ils acquittaient Marat, et qu'ils se contentaient de fouetter Théroigne.

Tout cela au moment où la Convention, terrifiée par les hordes qui l'assiégeaient, allait livrer aux bêtes féroces trente-six de ses membres, quitte à les pleurer plus tard, et où Guadet, du haut de la tribune, lançait ces paroles prophétiques sur la dictature fatale du lendemain : « Quand Cromwell voulut dissoudre le *Parlement-Croupion*, il y entra et dit à ces prétendus sauveurs de la patrie : *Toi, tu es un voleur! Toi, tu es un ivrogne! Toi, tu t'es gorgé des deniers publics! Toi, tu es un coureur de mauvais lieux!... Sus donc, cédez la place à des hommes de bien!* Cromwell les chassa et Cromwell régna... Citoyens, réfléchissez : n'est-ce pas le dernier acte de l'histoire d'Angleterre qu'on veut nous faire jouer en ce moment? »

FIN

TABLE DES MATIÈRES

TABLE DES ILLUSTRATIONS

TABLE ANALYTIQUE DES MATIÈRES

A

B

F

G

H

I

N

O

P

Q

R

S

T

U

V

Z

CHATEAUROUX. — IMPRIMERIE ET STÉRÉOTYPIE A. MAJESTÉ ET L. BOUCHARDEAU.

www.ingramcontent.com/pod-product-compliance
Ingram Content Group UK Ltd.
Pitfield, Milton Keynes, MK11 3LW, UK
UKHW020201250726
13967UKWH00003B/1190

9 782012 928268